U0174315

马铃薯特色主食加工技术与装备

张　泓　主编

科学出版社

北　京

内 容 简 介

随着我国马铃薯主食化战略的推进，马铃薯主食加工产业正在全国迅速兴起，实现其由副食消费向主食消费、由温饱型消费向营养健康型消费的重大转变。马铃薯特色主食体现了不同地域马铃薯主食的多样性，本书以图文并茂的形式和众多实例叙述了我国西北地区、华北地区、东北地区和西南地区等地方特色马铃薯主食制品的加工技术与装备。

本书适合从事马铃薯食品加工研究人员及工程技术人员参考阅读，也适合政府主管部门了解我国马铃薯主食加工产业现状，为制订相关标准及政策法规提供决策依据。

图书在版编目（CIP）数据

马铃薯特色主食加工技术与装备/张泓主编. —北京：科学出版社，2021.11
ISBN 978-7-03-070241-8

Ⅰ．①马…　Ⅱ．①张…　Ⅲ．①马铃薯-薯类制食品-食品加工
Ⅳ．①TS215

中国版本图书馆 CIP 数据核字（2021）第 215566 号

责任编辑：贾　超　付林林/责任校对：杜子昂
责任印制：吴兆东/封面设计：东方人华

科学出版社 出版
北京东黄城根北街 16 号
邮政编码：100717
http://www.sciencep.com
北京中科印刷有限公司 印刷
科学出版社发行　各地新华书店经销
*

2021 年 11 月第 一 版	开本：720×1000　1/16
2022 年 1 月第二次印刷	印张：8 3/4
	字数：180 000

定价：98.00 元
（如有印装质量问题，我社负责调换）

编 写 人 员

主　　编：张　泓

副 主 编：李　冲

参编人员：

　　　　刘倩楠　黄艳杰　毕红霞　李月明

　　　　杨万林　胡小佳　张　荣　张翠翠

　　　　姚晓静　王　婷　李　康　樊　月

序　言

　　誉满全球的中国地方特色传统主食由于独特的自然环境及特定的历史背景造就其分流与发展，不仅丰富了中华大地的饮食产品，更以其独特的魅力铸就了中华饮食文化的辉煌历史！中国地方特色传统主食的起源与发展凝聚了千百年来中国人民的勤劳与智慧，有其鲜明的地域个性、独具特色的烹调技艺和食用方式，形成了注重制作工艺、讲究色香味形韵的独特风格，在中华民族的饮食文化中占据重要位置。据不完全统计，我国传统主食的种类多达 2000 余种，其中地方特色的传统主食产品占 80%以上，成为我国传统主食食品消费的主流。

　　马铃薯（*Solanum tuberosum*）为茄科茄属一年生草本，又名洋芋、土豆、山药蛋等，原产于南美洲安第斯山脉。马铃薯耐旱、耐寒、耐贫瘠且适应性广，栽培范围遍布全世界。马铃薯产量高，水分利用效率高于小麦、玉米等大宗粮食作物，在同等条件下，单位面积蛋白质产量分别是小麦的 2 倍、水稻的 1.3 倍、玉米的 1.2 倍。马铃薯是仅次于小麦、水稻、玉米的世界第四大粮食作物。马铃薯是全球公认的全营养食材，富含人体所需的碳水化合物、蛋白质、矿物质及维生素等多种营养成分，同时含有丰富的膳食纤维和多酚等抗氧化物质。马铃薯干物质中蛋白质含量约为 10%，与小麦中蛋白质含量相当，远高于大米和玉米中蛋白质的含量。与粮食作物相比，马铃薯蛋白质的氨基酸组成更为合理，其中必需氨基酸含量为 20.13%，明显高于 FAO（联合国粮食及农业组织）/WHO（世界卫生组织）的必需氨基酸含量推荐值，且马铃薯蛋白质中富含其他粮食作物所缺乏的赖氨酸，具有很高的营养价值。因此，马铃薯可作为弥补其他粮食作物产量不足、营养不全面，保障食物安全的一种重要粮食作物。

　　本来是一个不起眼的洋芋，400 多年前从国外传到中国被冠以"由洋变土"的土豆这个名字之后，与中国的传统饮食文化碰撞出了火花，衍生出了系列具有中国特色的中式马铃薯主食。马铃薯适合在我国广域栽培，既可以作为蔬菜，也可以作为主食食材，在西北、华北、东北以及南方等不同地域的地方特色传统主食中发挥着重要的作用。立足我国资源禀赋和粮食供求形势，顺应居民消费升级的新趋势，树立大食物观，全方位、多途径的开发食物资源，积极推进地方特色马铃薯传统主食制造产业的发展，对于加速农业供给侧结构性改革，优化粮食作物品种的布局，转变农业发展方式，加快农业转型升级，助力健康中国及乡村振兴国家战略的实施具有重要意义。

2021 年 11 月 11 日

目　　录

第1章 中国地方特色马铃薯传统主食及其
文化的挖掘、整理、传承与利用

何为传统主食？传统主食必须是长期经受住人们生活习惯、自然环境和人文社会的检验，承载着数百年乃至数千年民族的智慧和民间特色制作技艺，源远流长且经久不衰。简言之，传统主食采用民间技艺制作，富有地域和民族特色，具有悠久历史。

中国地方特色马铃薯传统主食的起源与发展凝聚着千百年来中国人民的勤劳与智慧。挖掘、整理、保护和利用各地区、各民族传统马铃薯主食的制作工艺，收集和拯救传统地方特色马铃薯主食的非物质文化遗产，是继承和弘扬中华民族的饮食文化、发展现代主食加工业、促进我国人民营养健康以及加快中式传统主食的国际化进程的重要举措。

地方特色马铃薯传统主食作为我国重要的非物质文化遗产，如何将传统与现代、传承与创新融为一体，为地方特色马铃薯传统主食文化源源不断地注入活力并发扬光大，是摆在国人面前亟待解决的现实问题。具体的方法和步骤需要开展对地方特色马铃薯传统主食制作工艺及饮食文化的挖掘和收集，实地考察传统手工技艺并进行评价，食品品质及营养品质分析检测、数据整理与数据库的建立，最终目的是对具有开发价值的产品进行开发前景判断和工业化加工的适应性改造研究，研发共性技术、研制核心装备、创制产品，为马铃薯传统主食的工业化生产和满足现代市场需求提供新技术、新装备和新思路。

1.1 中国地方特色马铃薯传统主食工艺及其文化的
挖掘、整理、保护和利用的作用与意义

1.1.1 有利于传承中华民族的饮食文化

中国地方特色马铃薯传统主食是指由马铃薯产地就地起源发展并被长期传承，具有本土文化特征的主食食品。地方特色马铃薯传统主食的种类丰富繁多，各地区、各民族有着数不尽的名特产品，制作工艺也独特复杂，如蒸制、煮制、烤制、炒制、

炸制和干制等，正是这些复杂多变的制作工艺，在物质和精神上极大地丰富了人们的饮食文化生活。然而，近年来随着城镇化、工业化和现代物流产业的迅猛发展以及外来快餐文化的冲击，中国食品的国际化进程加快，部分地方特色马铃薯传统主食及其制作工艺趋于失传甚至消亡，这将对中华饮食制作工艺及其文化的传承造成极大威胁。挖掘、整理、保护和利用各地区、各民族地方特色马铃薯传统主食的制作工艺和文化内涵，是继承和弘扬中华民族饮食文化的重要举措。

1.1.2　有利于发展现代主食加工业

地方特色马铃薯传统主食是我国马铃薯主食加工业中极为重要的组成部分，具有巨大的市场生命力，未来发展前景广阔。但是，目前地方特色马铃薯传统主食多处于家庭或餐馆的手工制作或以作坊式的加工状态，产品以即食或散装为主，标准化程度低、保质期短。例如，部分产品现做现食，消费者只有到制作现场才能品鲜尝美；传统马铃薯粉条等制品的铝含量过大，仅利用了马铃薯中的淀粉，存在营养不均衡及营养素丢失等问题；传统的手工制作方式费人工、效率低，品质难以保障，亟待改进。因此，在地方特色马铃薯传统主食工艺及其文化的挖掘与整理的基础上，实现工业化生产将有效地促进我国地方特色马铃薯传统主食加工业向自动化、标准化的方向发展，对提升我国马铃薯主食加工产业的总体水平意义重大。

1.1.3　有利于保障我国马铃薯主食食品的质量安全

目前，我国每年马铃薯的总产量接近 1 亿吨，70%以上以鲜薯的形式直接消费。近些年来，我国食品安全问题令人担忧，重点表现在：①原材料标准化低、安全性差、难以实现可追溯；②生产环境卫生状况差，以作坊式的生产方式为主；③滥用食品添加剂、乱用非法添加物；④加工工艺不合理，苯并芘和杂环胺等有害物质含量超标；⑤产品监管存在纰漏等。在苏丹红和三聚氰胺等食品安全事件曝光以后，国家对于食品安全问题极为重视，加大了对食品安全性的监督和检查力度。地方特色马铃薯传统主食工艺及其文化的挖掘、整理、保护和利用工作的开展将进一步摸清加工制作对原材料的选择、加工制作过程中对工艺的要求和所添加的物料是否安全等诸多问题。因此，地方特色马铃薯传统主食工艺及其文化的挖掘、整理、保护和利用将有利于解决我国马铃薯主食食品的质量安全问题，对提高人们饮食健康十分重要。

1.1.4　有利于加快推进中式马铃薯主食食品的国际化进程

在中华文明的漫长发展过程中，由家庭烹饪技艺派生的地方特色马铃薯传统主食历史源远流长。我国是一个多民族的国家，生活地域和饮食习惯各异，使得地方特色马铃薯传统主食丰富多彩。地方特色马铃薯传统主食的创造、实践及其文化传播，极大地丰富了中华文明的内涵，不仅为中国现代农产品加工业和食品工业奠定了丰厚的基础，而且为世界饮食文明做出了巨大的贡献。借鉴现代的食品科学技术手段，对地方特色马铃薯传统主食制作工艺进行全面的梳理，"取其精华，去其糟粕"实现产品品质、工艺操作及卫生安全的标准化，提高产品的可接受度。因此，地方特色马铃薯传统主食工艺及其文化的挖掘、整理、保护和利用可有效地使其发扬光大，提升马铃薯主食在国际上的地位，吸引更多国家的消费者关注和喜爱中式马铃薯主食产品，对推进中式主食食品的国际化具有深远意义。

1.2　中国地方特色马铃薯传统主食工艺及其文化的挖掘、整理、保护和利用的层次与内涵

1.2.1　挖掘地方特色马铃薯传统主食的制作工艺和饮食文化

中国地方特色马铃薯传统主食是马铃薯被引入我国后与中华饮食文化相遇"合成"的符合本土化饮食习惯的产品。任何文化现象的形成与发展都离不开特定的历史阶段和社会环境。中国地方特色马铃薯传统主食的形成并广受人们的青睐，是因为立足于社会发展各阶段的生活条件变迁，在适应人们饮食消费的物质和精神需求中不断加以更新和完善。中国地方特色马铃薯传统主食的最大特点就是将中华民族各地域不同的饮食习惯、传统民间的制作技艺与营养健康的理念融为一体。其特点表现在：①以植物性食物为主，辅以畜禽肉食材等；②地域性强，结合南米北面，南甜北咸及西辣东酸的传统习惯，衍生出以蒸煮为主要烹制手段的不同地方特色马铃薯主食；③季节性明显，冬季炖焖煨味醇浓厚，夏季冷凉清淡舒爽；④讲究饮食美感，色、香、味、形、器的和谐统一，给人以精神和物质高度统一的特殊享受；⑤体现民族特色，不同民族孕育出不同特色的美食，如清真食品、蒙古族食品、满汉全席、广西及云南少数民族马铃薯主食食品等；⑥药食同源，药补不如食补，变"治疗"为"预防"，马铃薯与药食同源食材共烹，药膳同功。

将中国地方特色马铃薯传统主食产业发扬光大，必须先将传统工艺和饮食文化充分挖掘和收集起来，充分了解中国地方特色马铃薯传统主食的地方饮食习惯、地域烹饪特点、民族产品特色和自然风土人情等。

1.2.2　拯救地方特色马铃薯传统主食的制作工艺和饮食文化

地方特色马铃薯传统主食的饮食文化经数千年的积淀，有其特殊的烹饪方式，并且随着餐饮的文明与进步，地方特色马铃薯传统主食的饮食文化又与现代技术融

会贯通并发展。然而,地方特色马铃薯传统主食传承方式都是父传子、师传徒,都在"盐少许、醋适量、火酌情"的感受式和体验式中沿袭,味好不好全凭大厨的主观判断和经验,不能量化和标准化,使得地方特色马铃薯传统主食制作的真谛为"只可意会,不可言传"。但在市场化高度发展的今天,仍处于家庭制作及作坊式生产的地方特色马铃薯传统主食产业在发展中逐渐力不从心,拯救地方特色马铃薯传统主食制作工艺和饮食文化已势在必行。

1.2.3　弘扬地方特色马铃薯传统主食的制作工艺和饮食文化

地方特色马铃薯传统主食既要继承也要发展。如果依然对地方特色马铃薯传统主食采取放任其自身发展,不像欧式薯条、美国薯片和日本薯泥那样将本国传统饮食文化发扬光大,开发适合现代人消费的新产品,统一制定行业或国家标准,引导本行业在"质"的层面上加以提升,地方特色马铃薯传统主食将永远无法走出国门。

马铃薯是欧美国家居民的重要主食之一,预计未来全球将有超过 20 亿人口以马铃薯作为食物的主要来源。我国马铃薯主产区历来有以马铃薯为主食的饮食习惯,地域特色传统马铃薯主食产品种类多样。通过推进传统马铃薯主食制造产业开发,研发生产满足不同国家、不同地域、不同民族的居民饮食习惯和口味偏好的马铃薯主食产品,拓展出口市场,对于我国"农业走出去",共建"一带一路"倡议,弘扬中华饮食文化,增强文化自信具有重要意义。

1.2.4　提升地方特色马铃薯传统主食的文化魅力

国以拥有地方特色马铃薯传统主食为荣,民以品食地方特色马铃薯传统主食为乐。中国地方特色马铃薯传统主食集各地域特色于一体,通过名优美食的荟萃并结合餐饮业、加工业和旅游观光业,加大对地方特色马铃薯传统主食的宣传力度,创立和培育地方特色马铃薯传统主食的新品牌,在国内外广大消费者中树立起吃马铃薯非中式马铃薯主食莫属的形象,提高中国地方特色马铃薯传统主食的知名度。地方特色马铃薯传统主食工艺及其文化的挖掘、整理、保护和利用对打造中式马铃薯主食的品牌,提升中式马铃薯主食的文化底蕴和魅力意义深远。让人们感受到吃中式马铃薯主食不仅能满足物质上的需求,更能享受到精神上的乐趣。

1.3　中国地方特色马铃薯传统主食工艺及其文化的挖掘、整理、保护和利用的方法与步骤

在全国范围内根据地域的特点,分别对西北、华北、东北和西南等地区的地方

特色马铃薯主食的烹制工艺和饮食文化开展收集、挖掘、分析、评价、整理和保护工作。建立中式传统马铃薯主食的历史沿革、地域特征及制作工艺技术的数据库，为地方特色马铃薯传统主食的工艺创新与产业发展提供依据。

1.3.1　制作工艺及饮食文化的实地考察与文献调查

采用实地考察及文献调查相结合的方法，对地方特色马铃薯传统主食分种类、分地区进行全面调研，主要针对各地域以及各民族特色的马铃薯传统主食产品开展制作工艺与饮食文化挖掘和收集工作。对不同地域、不同民族选择其代表性的地方特色马铃薯传统主食，对其起源、发展、分流、鼎盛、名人轶事和历史记载等进行考察、调研和追忆，并收集和记录。对挖掘和收集的地方特色马铃薯传统主食进行普查预选，遴选出各地域、各民族有代表性的马铃薯传统主食的种类。在此基础上，将代表性强、影响力大的地方特色马铃薯传统主食作为深入研究的对象，参观访问地理标志产品名地、老字号名店、商品名街、制作名厂和民间传承名人；查阅各类文献，对重点地方特色马铃薯传统主食的食材、配方、工艺、传承、牌匾和经营现状等整理形成文字及声像资料，明确各代表性地方特色马铃薯传统主食产品的个性特点及制作方法，结合最新图文信息技术，建立上传数据。

1.3.2　制作工艺及饮食文化的评价与分析检测

在收集、挖掘地方特色马铃薯传统主食制作工艺参数及饮食文化的基础上，建立不同种类的产品评价方法及能够与国际接轨的评价体系；明确地方特色马铃薯传统主食感官指标、质构特性及营养组分，明确传统马铃薯发酵主食产品的微生物种群及特征，明确地域特征产品的风味指纹图谱，建立地方特色马铃薯传统主食风味特征数据。对于有明确功能成分的产品，对其主要功能成分进行定性和定量表征。同时，对地方特色马铃薯传统主食安全性进行系统评估，重点检测马铃薯油炸食品中的丙烯酰胺、杂环胺、苯并芘、反式脂肪酸及其他危害健康的成分。对地方特色马铃薯传统主食的加工食品进行保质期评估，开展消费者可接受性调查，并判断标准化生产工艺的可行性和市场可接受性。

1.3.3　制作工艺及饮食文化的整理与数据库的建立

在对地方特色马铃薯传统主食的制作方法、感官指标、质构特性、风味特征、营养组分及安全指标等分析和评价的基础上，建立地方特色马铃薯传统主食的工艺参数数据库。对有代表性的地方特色马铃薯传统主食的起源演变、食材配方、工艺方法、设备器具、区域规模与分流、历史传承等建立图文影像档案或博物馆。最终建立一套地方特色马铃薯传统主食的工艺技术及文化评估系统,形成地方特色马铃薯传统主食技术及文化资源的挖掘、整理、保护及利用的综合研发体系。

1.3.4　制作工艺及饮食文化的传承与保护策略

依据地域特征、民族习惯及工艺特点等,进行系统研究和评估地方特色马铃薯传统主食的文化功能和农业生态功能;明确地方特色马铃薯传统主食的文化传承、区域特性及民族特点,形成地方特色马铃薯传统主食的文化特征;分析地方特色马铃薯传统主食工艺与文化传承和保护的现状以及存在的困境,最终提出有效传承与保护的方案、措施及其长期保护的策略。

1.4　地方特色马铃薯传统主食的工艺创新与产业发展

地方特色马铃薯传统主食工艺挖掘和整理的最终目的是对其工艺进行差异化保护与利用,对其中具有开发价值的产品进行开发前景判断和工业化加工的适应性改造研究,为工业化生产和满足现代市场需求提供新技术、新装备和新思路,让更多的地方特色马铃薯传统主食"走出碟,跳出碗",形成工业化产品。

1.4.1　原料标准化及适宜性研究

开展地方特色马铃薯传统主食原料的加工特性研究。研发鲜薯原料的无损伤分类、分级技术,建立马铃薯加工原料薯的标准化分级体系;创制一步式去皮制泥、马铃薯浆调质、马铃薯颗粒全粉保全等马铃薯泥、浆、粉等原料制备的初加工新技术;研制马铃薯主食的连续化、自动化发酵及成型技术与装备;创新马铃薯与其他谷物及药食同源功能性辅料的质构重组技术和 3D 食品打印技术,开发满足不同市场需求和个性化定制的新产品。

1.4.2　工业化适应性改造

长期通过手工制作的地方特色马铃薯传统主食实现工业化生产必须先对其工艺进行工业化适应性改造。例如,将蒸制类、炖煮类、油炸类、烤制类和炒制类等地方特色马铃薯传统主食的主要传统制作烹饪工艺分解为去皮、清洗、分切、消毒、漂烫、去涩(腥)、漂白、沥水、制浆、制泥、制粉、干燥或脱水、冷却、护色、上色、包馅、成型、挂糊、裹粉、硬化、软化、成型或造型、呈味、调香、增香、蒸煮、油炸、烤制、炒制等数字化或模拟的可控程序操作,耦合到关键装备以至整条生产线的硬件装备和控制软件中，以实现自动化和标准化生产。

1.4.3　共性关键技术研发

对适合实现工业化生产的品种进行风味优化、品质形成与保持机理研究，以及加工中有害物质的形成与转化机理研究。地方特色马铃薯传统主食历来只注重色香味形，但是当人们的生活水平日益提高，从吃饱、吃好到吃得营养健康的小康水平，地方特色马铃薯传统主食必须从营养组学的角度研究与其他多种原料复配的营养素平衡配方，特别是要避免淀粉含量过多和热量过高，提升主食产品的营养价值。同时要研发马铃薯加工薯渣、汁液分离与高值化全利用关键技术，提高马铃薯加工的附加值，减少废弃物排放和环境污染；研发新型热加工技术，如电磁诱导过热蒸汽蒸煮技术、连续化湿热蒸烤或气流脉冲烘烤技术、中短波红外干燥或智能减压蒸汽干燥等适合数字化控制的共性热加工关键技术，实现地方特色马铃薯传统主食的数字化、标准化和自动化加工。同时在保证地方特色特征的基础上，也要防止因过度加工造成的色香味形的改变。量化其加工工艺路线，建立产品加工技术规程和产品标准，实现产品品质、工艺操作及卫生安全的标准化，实现裸装食品的预包装化、营养标签化和功能定量化，解决地方特色马铃薯传统主食安全性和质量不稳定的问题。

1.4.4　核心装备与生产线集成

创制适合地方特色马铃薯传统主食蒸制、煮制、烤制、油炸、干燥、包装、速冻、杀菌等不同工艺要求的核心装备，如智能化成型、自动化蒸煮、连续式热媒调理、中短波红外干燥、中低温抑菌保鲜、固液混合型产品连续化灌装、无定形产品充填包装、活性包装、高阻隔包装、温和式杀菌、连续化速冻等装备单元，进而实现生产效率高、自动化程度高、标准化精度高、运行成本低，具有全程质量控制的地方特色马铃薯传统主食智能化加工生产线及智慧化工厂，并加以示范和推广。

欧美及日本等发达国家和地区都非常重视本土传统食品保护和利用的研究。中式地方特色马铃薯传统主食具有悠久历史和良好的风味性、营养性和健康性，但我国在地方特色马铃薯传统主食制作工艺与饮食文化的挖掘、整理、保护和利用推广方面主要体现在单一种类产品或局部地区领域，缺乏全面系统挖掘、整理、保护和工业化开发利用的总体规划。我国地域辽阔、人口众多、饮食习惯各异，适合我国不同地域、不同民族、不同健康营养需求的居民饮食习惯及口味偏好的乡土化、特色化、风味化、多样化马铃薯主食商品仍有待进一步开发。大力组织多主体、多层次的协同创新，系统深入挖掘具有地域特色、民族特色和民俗特色的马铃薯主食产品的传统工艺，突破制约马铃薯主食化加工的关键科学技术问题，升级马铃薯主食加工技术、装备和工艺，同步推进研究与示范，以马铃薯薯泥、薯浆为原料开发符合中国蒸煮饮食文化的大众化、营养化、特色化、风味化和地域化主食和菜肴产品，走进千家万户一日三餐，推动马铃薯主食加工产业健康可持续发展。

地方特色马铃薯传统主食的工艺和文化的挖掘、整理、保护与利用是一项长期而艰巨的工作，亟须在国家层面组建专家团队、投入专项资金，开展长期稳定和全面系统的研究。

第2章 西北地区马铃薯特色主食加工技术与装备

西北地区包括陕西、甘肃、宁夏、青海和新疆五省区，地域广阔，气候凉爽，是我国马铃薯的重要产区之一，马铃薯传统主食种类十分丰富。由于西北地区的面制主食十分普遍，西北地区的马铃薯特色主食除单以马铃薯为主制作的烤马铃薯和洋芋（马铃薯）擦擦等主食外，还可以与小麦粉及杂粮粉复配制作各种具有西北风味的马铃薯面制主食，如锅盔、肉夹馍、烙饼、手抓饼和新疆馕等馕饼类以及油炸的马铃薯油香类等产品。

2.1 烤马铃薯

烤马铃薯是非常传统的一种家常主食产品。在家用电烤箱普及之前，人们将带皮马铃薯埋入农家做饭残留的柴火余灰中，大约1h之后，热烫清香的马铃薯就烤好了[图2-1（a）]。特别是在马铃薯收获季节，用半干的马铃薯秧作火源，上工途中埋入火灰，中午就是一餐热气腾腾的烤马铃薯工作餐[图2-1（b）]。随着食品烤制技术和装备的成熟，烤马铃薯的制作方式更加多样，产品的种类也更加丰富。

（a）   （b）

图2-1 农家的传统烤马铃薯

2.1.1 电烤箱烤马铃薯

随着家用电器的普及，电烤箱成为烤马铃薯的主要家电厨具，但是它只适合家庭或餐馆的少批量制作。

1. 原料的选择与处理

粉质的马铃薯品种适合制作烤马铃薯产品，要筛选没有腐烂、未发青、未发芽、未失水且外表鲜亮的鲜马铃薯为原料。将马铃薯洗净，如果采用带皮烤制时，一定要将表皮的土垢清除干净；如果去皮烤制，可以通过人工或利用去皮机将马铃薯皮去除。块茎质量小于50g的马铃薯可不分切，中大个头的马铃薯切成30～50g的滚刀块。由于鲜马铃薯与空气接触后很容易氧化变色，影响成品的颜色与品质，分切后的马铃薯要立即投入冷水中浸泡，并进行简单的护色。烤制前沥干水分，必要时可用椒盐等调味，拌匀放置约10min。在烤制之前，可以用叉子在马铃薯或其块上扎几个大小均匀的小孔，以便马铃薯内部水分的散发。

2. 烤制

电烤箱预热到200℃之后，将处理好的马铃薯或其切块置于上下火设置为200～210℃的烤盘中，烤20～30min，其间上下翻动一次，最后撒上白芝麻及黑胡椒粉等即可（图2-2）。

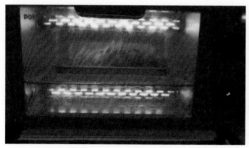

图 2-2　电烤箱烤制的马铃薯

2.1.2　微波炉烤马铃薯

微波炉大多为家庭或餐馆用的小型家用电器，也适合家庭或餐馆的少批量制作烤马铃薯产品。

1. 原料的选择与处理

同2.1.1节。

2. 烤制（以整个带皮的小马铃薯为例）

为了防止烤制过程中小马铃薯表皮的水分大量流失和传热不均匀，用厨房铝箔纸包裹整个马铃薯，并紧密贴合。微波炉提前选择好高火程序，预热1min，将处理好的马铃薯放入烤盘中，高火烤制 4～5 min，手动翻面再烤 2～3 min，根据马铃薯本身的大小来调节火候和时间。烤制结束后取出烤盘，冷却几分钟后切开铝箔纸，剥去马铃薯皮，根据口味的喜好加上番茄酱或椒盐粉，可口美味的烤马铃薯就可以入口了（图 2-3）。

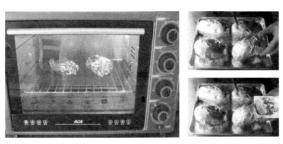

图 2-3　微波炉烤制的小马铃薯

2.1.3　过热蒸汽烤马铃薯

由于能产生过热蒸汽的家用电器目前尚没有普及，因此利用过热蒸汽技术烤制马铃薯适合大型连锁餐饮或中央厨房进行批量加工。

1. 过热蒸汽烤制技术与装备

过热蒸汽技术是近年来研发成功的一项高效湿热的热处理技术。水刚刚蒸发为蒸汽时含有空气，是不饱和状态的蒸汽；随着蒸发的进程，蒸汽达到饱和状态，称为饱和蒸汽，但最初形成的饱和蒸汽是湿饱和蒸汽，内部夹杂有未汽化的水分；待蒸汽中的水分完全蒸发后就是干饱和蒸汽。蒸汽从不饱和、到湿饱和再到干饱和的过程中，如果压力不提高，那么温度将不再升高。而达到干饱和之后对蒸汽在常压下继续加热，温度会上升，即成为过热蒸汽。由于过热蒸汽的热容量大，具有极好的辐射传热、对流传热和凝结传热的多重热传递特性，可利用其在极短的时间内实现对食品物料的高温处理或烤制；由于过热蒸汽完全是由水形成的高温介质，安全可靠；过热蒸汽还可以形成微氧的环境，防止食品在高温处理过程中被氧化；利用过热蒸汽加热时在被加热食品的表面迅速产生水滴凝结，释放出热量从而达到高温加热的目的。因此，过热蒸汽技术常用来烤制食品原料，是一种新型的"水烤"方式。

由此可见，过热蒸汽是干饱和蒸汽在常压下继续加热后得到的无色透明的高温水蒸气。过去，过热蒸汽的加热是采用煤气或油炉加热，对过热蒸汽的温度难以精确控制。精确控制过热蒸汽温度最好的加热方式之一是采取电磁诱导加热（IH）（图 2-4）。蒸汽发生装置在电磁诱导加热体的下方设有温水槽，常温的水进入蒸汽发生装置后通过电磁诱导线圈获得热量而升温，产生温水并回流到温水槽中，温水在循环泵的作用下再次通过传热面积很大的电磁诱导加热体而被加热生成饱和蒸汽。饱和蒸汽通过加热体上部的汽水分离槽，再次进入电磁诱导加热体构造中，在磁场封闭的环境下，被继续加热生成温度为120℃以上的干饱和过热蒸汽。由于整个电磁诱导加热过程中基本不发生热量散失，饱和蒸汽经过电磁诱导加热体内部后直接感应磁能而产生热能，因此热启动快速，其平均预热时间比电阻圈加热方式缩短60%以上，热效率高达93%，这使得过热蒸汽的温度可实现数字化控制。在常压条件下，过热蒸汽的温度最高可达到500℃，但食品的热处理一般使用温度范围为120～250℃，高于150℃就具有烤制功能，因此这是在食品工业化方面对烤制技术的一项革命。

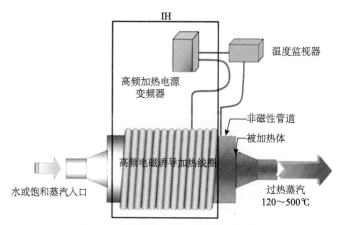

图2-4 过热蒸汽的电磁诱导加热装置

过热蒸汽烤制装备可完全实现连续化和自动化运转，甚至可以将过热蒸汽循环使用，降低能耗和成本（图2-5）。

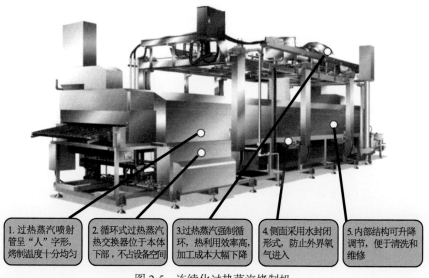

1.过热蒸汽喷射管呈"人"字形，烤制温度十分均匀

2.循环式过热蒸汽热交换器位于本体下部，不占设备空间

3.过热蒸汽强制循环，热利用效率高，加工成本大幅下降

4.侧面采用水封闭形式，防止外界氧气进入

5.内部结构可升降调节，便于清洗和维修

图2-5 连续化过热蒸汽烤制机

2. 过热蒸汽烤马铃薯工艺

1）原料的选择与处理

同 2.1.1 节。

2）烤制（以切块的马铃薯为例）

将过热蒸汽温度设定为 195℃左右，烤前先进行预热，调整过热蒸汽的流量。将切好的马铃薯均匀铺放于烤制托网上开始烤制，烤制时间设定 20 min 左右。如果利用连续化的过热蒸汽烤制机则需要连续均匀进料。

3）调味

可以根据口味嗜好来搭配调味品，如椒盐、孜然粉、麻辣粉、咖喱粉或番茄酱等。

2.2　洋 芋 擦 擦

在西北地区，人们也把马铃薯称为"洋芋"，它可以做成各种各样的地方特色美食，美食也就冠之以洋芋的称呼。马铃薯制作的美食中备受西北人喜爱的就是洋芋擦擦了。

2.2.1　传统洋芋擦擦的特点

洋芋擦擦，又称"洋芋不拉子"，是陕北、陇东和晋西等地方特色的马铃薯传统主食之一。用不起眼的马铃薯做成的洋芋擦擦，薯肉泛着淡淡的素光，洋溢出薯香的味道。食用时用葱油或胡麻油煎炒，拌入姜蒜泥、辣椒粉、陈醋和豆酱等，再拌上自制的西红柿酱，盛入大碗，吃上一口，既有马铃薯的口感和嚼头，又有西北调味料的鲜香。这是马铃薯擦成丝裹上荞麦粉蒸后再煎炒出来的美味，遵循了西北饭少油味重的风格。由于西北地区气候凉爽、空气干燥，马铃薯可常年储存，洋芋擦擦也就成为当地人一年四季可以品鲜尝美的主食。过去，洋芋擦擦只作为家常饭出现在家庭餐桌，如今，洋芋擦擦作为地方特色的名吃登上了大雅之堂，甚至制作为工业化的冷冻预制食品走出大西北。

2.2.2　洋芋擦擦的原料

主料：马铃薯、荞麦粉（小麦粉或玉米粉）。

辅料：胡萝卜、芹菜、西红柿、胡麻油、葱、姜、蒜、盐、五香粉、花椒粉、胡椒粉、辣椒粉、鸡精等。

2.2.3　洋芋擦擦的制作工艺流程

洋芋擦擦的制作工艺流程如图 2-6 所示。

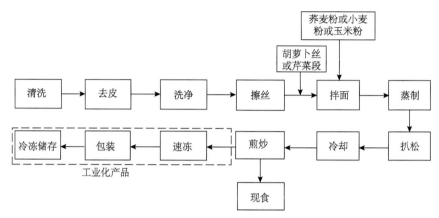

图 2-6　洋芋擦擦的制作工艺流程

2.2.4　洋芋擦擦的制作技术

洋芋擦擦的制作技术十分简单。先将马铃薯用带孔的金属擦具擦成 4～5cm 长的粗丝，切忌用刀分切成丝，因为切丝表面光滑，挂不住面粉，擦成的粗丝表面粗糙，含水汁丰富，便于多挂面粉；或用少量胡萝卜擦丝或芹菜切断，混匀；利用马铃薯丝表面的汁液，拌以干荞麦粉（或低筋小麦粉或玉米粉），使每一根擦丝上都均匀地裹上一层面衣，防止粘连，然后上屉蒸熟；出锅后，趁热扒松。食用时，用食盐、姜末、蒜泥、辣椒粉、胡椒粉、陈醋、鸡精、西红柿酱等拌匀。如果蒸出冷却后用胡麻油或葱油煎炒成金黄色，再调味，则更加酥绵可口（图 2-7）。

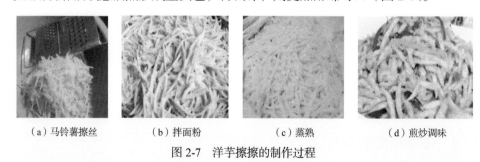

（a）马铃薯擦丝　　　（b）拌面粉　　　　　（c）蒸熟　　　　（d）煎炒调味

图 2-7　洋芋擦擦的制作过程

对于洋芋擦擦的工业化冷冻产品，煎炒后冷却、速冻和包装，在冷冻条件下储藏。食用时，微波或水浴加热即可。

2.3　马铃薯馕饼类

中国人把"饼"吃出了花样。西北地区地方特色的传统馕饼种类更为繁多，一般是以小麦粉为主要原料制成薄厚不同的圆饼状，经过蒸、烤、煎、烙、炸熟而成。按照不同的制作工艺、流派和风格，有许多独特的烹饪方法。随着国家马铃薯主食化的进程，西北地区地方特色的传统馕饼中也增添了马铃薯的醇香。

2.3.1　马铃薯肉夹馍

1. 传统肉夹馍的特点

肉夹馍实际上是"肉被夹在馍里"的简称，是陕西的著名小吃。根据史料记载，在战国时有一种称为"寒肉"的腊汁肉，当时位于秦晋豫三角地带的韩国制作的腊汁肉深受当地百姓的青睐。在秦灭了韩之后，将腊汁肉的制作工艺传入长安。地道的腊汁肉色泽红润，肥而不腻，夹入热馍享用，美味无穷。长安文昌门内的"秦豫肉夹馍"餐馆就是当时正宗的腊汁肉夹馍名店。腊汁肉夹馍问世之后，久盛不衰，品种不断翻新。西安地域的白吉馍就是专门用来夹肉的馍饼，做成的"腊汁肉夹馍"馍酥肉香；宝鸡西府的"肉臊子夹馍"，碱味的馍与酸味的肉中和，增进人们的食欲；潼关的"热馍夹凉肉"，食用时热馍温度以烫手为佳，外酥里嫩。肉夹馍的特色是馍与肉的绝妙组合，互为衬托，将各自的滋味发挥到极致，有着"中式汉堡"的美誉，扬名中外。如今，马铃薯白吉馍的出现使得肉夹馍的品种再次翻新，也更加推进了"中式汉堡"的国际化进程。

2. 马铃薯肉夹馍的原辅料及配方

马铃薯肉夹馍的馍饼及马铃薯腊汁肉均含有马铃薯的全营养成分，改变了小麦粉面饼营养成分单一和腊汁肉脂肪过多及热量过高的弊端，所需原料如表 2-1 及表 2-2 所示。

表 2-1　马铃薯肉夹馍馍饼原料配方

原辅料名称	质量分数/%
中筋小麦粉	76
马铃薯全粉或马铃薯泥（折合干物质）	20
干酵母	1
食盐	1
植物油	2

表 2-2　马铃薯腊汁肉配方

原辅料名称	质量份数
猪五花肉	600
马铃薯	300
老抽	14
生抽	20
料酒	30
八角	8
桂皮	6
白糖	12
食盐	10

3. 马铃薯肉夹馍制作技术

1）马铃薯肉夹馍的手工制作技术

（1）将小麦粉和马铃薯全粉的复配粉混匀，食盐与干酵母分别溶解在温水中，慢慢加入复配粉中搅拌均匀，揉成光滑面团，放置在 30℃条件下发酵到体积为原来的 2 倍大小。

（2）将发酵好的面团揉匀排气，盖保鲜膜松弛 15 min。

（3）分成 110g 左右的小面团剂子揉均匀。

（4）将小面团剂子擀薄，涂少量植物油，从一端向另一端卷起，然后竖起来再擀成圆形，周边一圈向一边缘翘起。根据地方标准《西安传统小吃制作技术规程 肉夹馍》（DB 6101/T 3003—2016），肉夹馍使用的馍饼需要"取 110g 面剂，用纺锤形擀面杖擀制成直径约 11.5 cm、厚度 2 cm 的圆形馍坯"。

（5）放入烤饼铛，烙烤（不可加油）。

（6）大约 10 min 翻面一次，将馍饼按平，烤至馍坯鼓起，两面金黄色（有菊花状烤斑）[图 2-8（a）]。

（a）马铃薯白吉馍　　　　　　　　　　　　　（b）马铃薯肉夹馍

图 2-8　马铃薯白吉馍及马铃薯肉夹馍

（7）将马铃薯腊汁肉夹入热的马铃薯白吉馍中即可[图2-8（b）]。

2）马铃薯肉夹馍馍坯的工业化加工技术与装备

随着餐饮市场的活跃以及地方特色小吃标准化程度的提高，"中式汉堡"肉夹馍行业凭借其广泛的历史传承、终端操作的简单快捷、易于复制和融合性强等特点，成为连锁餐饮企业寻求突破市场销售瓶颈和提高餐饮效益的重要经营手段。

肉夹馍连锁餐饮市场的火爆，使肉夹馍加工产业链逐步形成，白吉馍馍坯的需求快速扩容。现代科技的进步为白吉馍速冻馍坯的工业化生产提供了强有力的技术支撑。通过冷冻面团的技术攻关，速冻白吉馍馍坯已经实现了标准化、自动化生产（图2-9）。面点加工企业或连锁餐饮的中央厨房利用白吉馍馍坯自动成型生产线，生产的速冻馍坯供应连锁品牌终端店或市场上的肉夹馍店，直接进入烤箱烤制即可完成白吉馍的快速制作，满足了白吉馍必须现烤现吃的工艺要求。马铃薯白吉馍馍坯（图2-10）同样可实现工业化的生产。

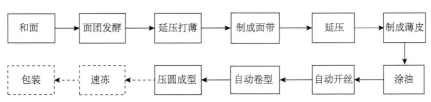

图 2-9　白吉馍馍坯自动成型工艺流程

图 2-10　马铃薯白吉馍速冻馍坯

2.3.2　新疆马铃薯馕

1. 传统新疆馕的特点

"宁可一日无菜，不可半日无馕。"从这句新疆俗语中可以看出当地人对于馕的钟爱程度。馕的历史悠久，据史料记载，两千多年前新疆人就会做精细美味的馕。

馕是当地百姓的主食，其技艺普及到各家各户，一日三餐离不开馕。

新疆烤馕的品类多种多样，据统计，新疆馕大概有60余种之多，每一个品种又有诸多名称。常见的馕有'格吉德'馕，汉族称其为'窝窝馕'；'艾曼克'馕（大的薄馕）；'希尔曼'馕（多种形状的高档馕），也是一种品种较多，质量较好的馕，这种馕有大有小，多为圆形，大的直径可达60cm，被称为馕中之王；'阿克'馕（白面馕），市场上常见的薄馕；'托喀西'馕，是馕中最小的馕；还有'果西'馕（羊肉洋葱馅馕）、'果西格尔德'馕（带肉馅的疙瘩馕）、'奥尔'馕（笼里蒸的馕）、'乌加克'馕（白面馕）、'喀特拉玛'馕（千层馕）、'皮特尔'馕（死面馕）、'谢克尔'馕（甜馕）、'扎克尔'馕（用玉米粉和小麦粉混合做的馕）、'阿依'馕（家庭做的馕）、'玛依'馕（油馕）等。每一种馕都具有其独特的口味和形状，但多以圆形为主。因馕所用的主辅料、制法、形状及用途不同，或脆、或酥、或甜、或咸、或大、或小、或薄、或厚，是当地人多年来变化最小、种类最为丰富的主食之一。馕主要以新疆当地产的高筋小麦粉制作，在小麦粉中加水、食盐和酵母后和面，发酵，手工制馕。其中，添加植物油和羊油的即为油馕；添加核桃仁、羊肉、红枣、葡萄干、花生仁等佐料来拌馅烤制的馕分别称为核桃馕、肉馕、红枣馕、葡萄干香馕、花生香馕等。

马铃薯也是新疆的重要食材，加入马铃薯泥或马铃薯全粉制作的馕就是马铃薯馕（图2-11）。成型后馕坯在特制的馕坑里烤制，具有香、脆、酥等特点，由于其水分活度较低，可久放而不易变质。

图2-11　马铃薯馕产品

2. 马铃薯馕的原辅料及配方

马铃薯馕以小麦粉与马铃薯泥为主要原料制作，辅以植物油、食盐、蛋黄和坚果及洋葱丁等（表2-3），赋予其特有的色、香、味、形。

表 2-3　马铃薯馕的原辅料配方

原辅料名称	质量份数
高筋小麦粉	2000
马铃薯泥	1400
干酵母	14
食盐	32
植物油	320
蛋黄	300
坚果（芝麻等）	40

3. 新疆马铃薯馕的加工技术与装备

1）新疆马铃薯馕的手工制作技术（图 2-12）

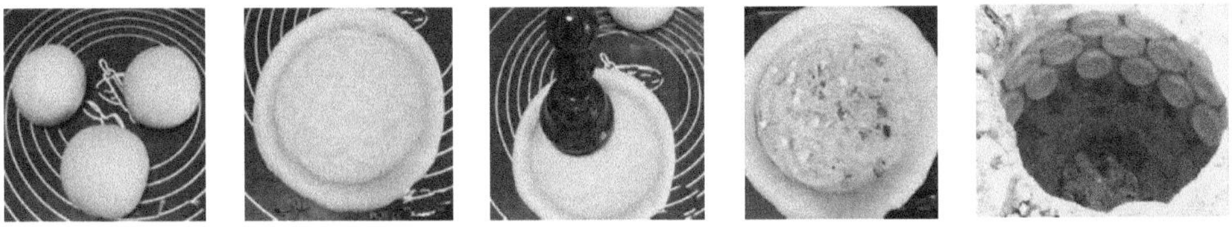

（a）揉圆面团　　　（b）整型　　　（c）戳印花纹　　　（d）撒辅料　　　（e）馕坑烤制

图 2-12　马铃薯馕的制作过程

（1）下剂子：当马铃薯面团（马铃薯干物质的占比 15%～30%为宜）发酵到 2 倍大时，取出揉面排气，将面团搓成长条状，分成一个馕所需质量的剂子。馕的大小差别很大，与馕坑的大小和形状有着直接的关系。

（2）揉圆：分成的剂子进行多次揉匀滚圆操作，揉的次数越多，馕的味道和质地越好，保存时间也越长。

（3）二次发酵：揉搓成均匀光滑的面团滚圆，加盖或在面板上盖保鲜膜（保湿），放温暖处二次发酵至 2 倍大。

（4）整型：滚圆面团二次醒发好后，手掌沾些油将面团捭成中间薄四周厚的形状，可以根据需求做不同形状的生馕坯，有的像圆凳子面大小的薄生馕坯，有的像碗口大的厚生馕坯。当馕坯的大小、形状和厚度不同时，相应的烤馕时间也有区别。

（5）戳印花纹：整型后在馕坯表面要用馕针均匀地戳上漂亮的花纹图案。花纹针孔要戳透，否则馕坯在馕坑烤制时由于内部水蒸气挥发不出来，馕会鼓起。

（6）撒辅料：戳印花纹完成后，在馕坯的表面撒上多种辅料，如芝麻、核桃仁、豌豆、花生仁、蛋清和葡萄干等，并使其压实粘在生馕坯的表面，以提高馕的口感、风味和营养。

（7）刷油：辅料撒完后在馕坯表面还要刷上一层植物油或含油鸡蛋液，防止烤制时水分过度散失。

（8）烤制：馕坑烧热，内壁撒上盐水，待水分蒸发析出盐粒，将成型的生馕坯贴在馕坑壁上进行烤制，至表面烤成金黄色时取出即可。

发酵和烤制的温度和时间条件如表 2-4 所示。

表 2-4 马铃薯馕的发酵和烤制的温度和时间条件

项目	条件
发酵温度/℃	25（低温发酵）
发酵湿度/%	80
发酵时间/h	16
烤制温度/℃	210～220
烤制时间/min	18～20

2）马铃薯馕的工业化生产技术与装备

传统的手工制馕要经历多道程序，存在工序复杂、耗时较长、劳动强度大、制馕速度慢、工作效率低、馕品成本高、馕的大小不标准及安全卫生无保障等问题。据报道，全新疆每天馕的消费量达 550 吨，折合成中等大小的馕饼为 275 万个。面对如此巨大的消费市场，传统的手工制作方式无法满足量化的制馕需求。随着经济社会的发展，馕等主食产品的加工生产正逐步走向工业化和产业化。根据传统的手工制馕工艺特点，开展工业化加工的适应性改造，如对原料的精准计量与和面、精准发酵、分割成形、戳印扎孔、喷撒辅料、自动烘烤、强制冷却和充氮包装等。通过马铃薯馕的自动化生产线（图 2-13），实现标准化、机械化和规模化生产，以减小劳动强度、提高生产效率和降低微生物污染等安全风险。

（a）马铃薯馕自动生产线　　　　　　　　　（b）马铃薯泥和面

（c）马铃薯面团发酵   （d）马铃薯馕产品

图 2-13 利用马铃薯泥制作马铃薯馕的自动化生产线及马铃薯馕产品

另外，在烤制方面，目前大多采用馕坑烤制，这些馕坑主要是用木材或煤炭作为热源。采用以电或燃气为能源的现代化绿色环保馕坑代替传统的馕坑，实现从"煤炭馕坑"到"煤气烤炉"或"电烤馕炉"的创新，在加热效率、能源消耗、安全卫生和环境保护等方面具有一定的优势。

4. 马铃薯馕的储藏保鲜

目前，地方特色的新疆馕不包装或只进行简单包装后就直接销售，一般不采取冷冻或杀菌方式，增加了水分散失和微生物繁殖的机会。由于馕的水分活度和脂肪含量等因素会影响馕在储藏中的品质，缩短货架期，因此烤制后，馕的水分活度（A_w）最好控制在 0.90 以内，以防止储藏过程中霉菌的滋生；包装的形式选择充氮包装，可防止好氧菌的繁殖和脂肪的氧化，同时非真空的充氮包装环境不会造成馕的变形和变硬。如果需要延长货架期，包装的馕最好冷冻储藏。

2.3.3 马铃薯手抓饼

1. 传统手抓饼的特点

手抓饼也称为葱油饼。刚出炉的手抓饼，千层百叠，层如薄纸，其外层金黄酥脆，内层柔软白嫩，用手抓起，面丝连绵，一股葱油与面筋的香味扑鼻而来，香气四溢。手抓饼作为主食食用时，可蘸酱爆汁、香辣酱、番茄沙司、麻辣汁、甜辣酱、甜味沙拉酱和黑椒酱等酱料，搭配炒鸡蛋、叉烧肉、藤椒鸡排和土豆鸡块等菜肴，香酥薄脆，老少皆宜。

传统手抓饼的制作主要以小麦粉为原料，加滚烫的开水和面，面团中淀粉糊化而黏性很强。富有黏性的马铃薯全粉或热烫的马铃薯泥与小麦粉复配制作手抓饼，其口感、风味和营养俱佳。

2. 马铃薯手抓饼的原辅料及配方（表2-5）

表2-5 马铃薯手抓饼原辅料及配方

原辅料		质量分数/%
马铃薯复配粉	小麦粉	68
	马铃薯全粉或马铃薯泥（折干物质）	20
其他辅料	植物油	5
	食盐	2
	葱末	5

3. 马铃薯手抓饼的加工技术与装备

1）马铃薯手抓饼的手工制作方法

（1）取马铃薯复配粉，加水量为复配粉的48%左右（使用马铃薯泥时需蒸熟，加水量相应减少），先拌成絮状，再揉成面团。

（2）面团表面抹油，盖保鲜膜或在保湿状态下松弛20 min。

（3）将面团分切成小块剂子（大小依据手抓饼的大小要求），擀薄成长方形面片。面片上均匀抹一层油，并撒上葱末和食盐。

（4）面片从一边卷起，卷成长柱状，然后再从长柱状的一头向另一头卷，一边卷一边适当拉长，使卷的圈数增多，手抓饼的层次就多。

（5）卷好的饼坯醒5 min，用擀面杖擀成与电饼铛大小一致的圆形。电饼铛刷一层油，预热1 min，将擀圆的饼坯放进去，煎1～2 min翻一次，两边煎烙成金黄色即可（图2-14）。

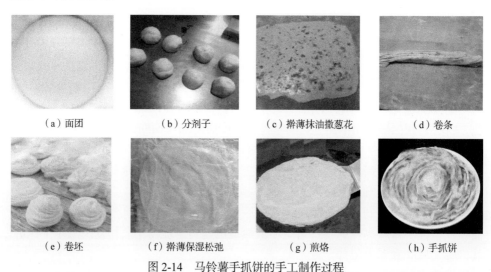

（a）面团 　　（b）分剂子 　　（c）擀薄抹油撒葱花 　　（d）卷条

（e）卷坯 　　（f）擀薄保湿松弛 　　（g）煎烙 　　（h）手抓饼

图2-14 马铃薯手抓饼的手工制作过程

随着手抓饼市场需求量的不断增加，各速冻食品企业掀起了手抓饼行业的旋风，马铃薯手抓饼速冻产品的人气也大升。马铃薯手抓饼速冻产品有速冻饼坯和速冻成品两种。

2）马铃薯手抓饼速冻产品的工业化加工技术与装备

（1）马铃薯手抓饼速冻饼坯。

将面团从搅拌机中取出，完成醒面后即上连续生产线。面团输送带将面团送入压面机延压制成面带，再由拉宽机将面带再次延展拉薄至厚度为 1 mm 左右，由上油机在面带上自动均匀涂抹食用油，撒上葱末及食盐等后，用大卷轮将薄皮卷成棒状形成层次，扭为螺旋状，经分切、压圆、覆膜拍饼、速冻，最后包装，即为冷冻储存的饼坯（图 2-15）。餐饮连店、快餐店及家庭购买后，解冻煎烙即可。

图 2-15　马铃薯手抓饼速冻饼坯

（2）马铃薯手抓饼的速冻成品。

制成的马铃薯手抓饼的饼坯不经过冷冻，直接进入连续化煎烙机或批次化煎烙机煎熟，再经过冷却、速冻、包装后，即为速冻成品，在冷冻的条件下储运和销售（图 2-16）。食用时，微波加热或通过其他加热方式加热即可。

图 2-16　速冻的马铃薯手抓饼

2.3.4　马铃薯锅盔

锅盔是陕西、甘肃、宁夏、青海和新疆等地居民喜好的地方特色传统风味饼类面食，尤其在陕甘宁青地区流传已久。锅盔大而厚，大的直径 50～60 cm，厚度可超过 10 cm，看似锅盖。"陕西十大怪"中，有一怪就是"锅盔像锅盖"。锅盔源于外婆给外孙庆贺满月时赠送的礼品，后发展成为民间特色主食食品。锅盔以陕西关中最为著名，有乾州锅盔、泾阳锅盔、武功锅盔、长武锅盔、岐山锅盔、扶风锅盔、凤翔锅盔及西和锅盔等。甘肃则有武威锅盔、庄浪锅盔和静宁锅盔等。通过传统工艺制作的锅盔，色泽均匀、麦香清醇、口感留香，据说配着当地的擀面皮食用，更加回味无穷。

1. 传统锅盔的特点

传统锅盔以小麦粉为主料，用木杠压面，木杠压面可使面光色润，馍色增白，香气浓郁，味美可口。浅锅慢火烘烤或埋在柴火余灰中炕熟，火色上下均匀，熟得足到，达到耐储存的目的。锅盔可根据口味要求制成椒盐锅盔、葱香锅盔、五香锅盔、香椒叶锅盔、咸味锅盔、夹酥锅盔、油酥锅盔、酥锅盔和白糖锅盔等多种风味。无论哪一种风味，其皮薄如纸，馍膘肥厚，用手掰开层次多，素以"干、酥、白、香"著称，即干硬耐嚼、内酥外脆、白而泛光、香醇味美。由于锅盔在文火上较长时间烤制，水分活度较低，极耐存放。

2. 马铃薯锅盔的原辅料及配方

（1）主料：小麦粉 800 g，马铃薯全粉 200 g，均匀混合为马铃薯复配粉。

（2）辅料：干酵母 3 g、食盐 8 g、白芝麻 20 g。

3. 马铃薯锅盔加工技术

马铃薯锅盔仍多为手工制作，方法也有多种，主要方法如图 2-17 所示。

| （a）面团发酵 | （b）杠木压面 | （c）面团 | （d）分剂子 |
| （e）锅盔成型 | （f）二次发酵/扎孔印花 | （g）文火慢烤 | （h）马铃薯锅盔 |

图 2-17 马铃薯锅盔制作方法

（1）先取马铃薯复配粉 800 g，在 470 mL 30℃（根据季节调节水温）的温水（食盐水）中化入干酵母粉，分次加水将复配粉和成面团，放置在 30℃左右的条件下保湿发酵到 2 倍大的体积。

（2）杠木压面，反复折叠，再分量加入 200 g 复配粉，直至压到面光色润，边缘平整成面团。

（3）将面团分成 700 g 左右的面块，再分别用木杠压面，边压边旋转，最后擀平，制成直径 24 cm、厚 3 cm 的圆形饼。

（4）用牙签扎眼，一定要扎透，再用戳印或瓶盖在上面印出规则花纹图案，即为饼坯。

（5）饼坯保湿条件下放置在 30℃温暖的地方二次发酵半小时以上。

（6）将平底锅放在火上或用电饼铛，开小火，将饼坯放入，表面喷水，均匀撒上白芝麻，盖锅盖烤制。

（7）一面大约烤焖 30 min，翻面后再烤 20 min，烤至两面出现黄色焦斑即可。

2.3.5 其他的马铃薯馍饼

马铃薯馍饼还有马铃薯葱花饼、马铃薯葱油饼、马铃薯糖酥饼和各种马铃薯烤馍等（图 2-18）。

图 2-18 其他各种马铃薯馍饼

2.4 马铃薯油香

油香是我国宁夏、甘肃一带的民间特色传统面制主食，形态和风味各异。传说穆罕默德让信徒分批迁往麦地那。喜出望外的阿尤布老汉用小麦粉、最好的香油为穆罕默德炸制了美味的油饼。穆罕默德对其赞不绝口，并分给众人分享。在食客的要求下，穆罕默德给这种油饼起了一个很好听的名字，叫作"油香"。后来油香的品种更加丰富，在世界各国广为流传。在我国宁夏、甘肃当地的民间，每到春节、端午、中秋、重阳和除夕等重大节日，都要一家人其乐融融地制作这道美食。除了自己吃以外，在给孩子过满月、过百日、节日和结婚等喜庆日子，也要制作油香加以庆贺。油香也可以作为馈赠给亲友的礼品，成为加强亲戚、邻里和朋友之间的感情联络的纽带。现在油香在西北地区民间已成为具有团结、友谊和幸福象征的圣洁食品。

2.4.1 传统油香的特点

油香可分为普通油香、甜香和肉香。制作传统油香的方法和用料各异，使得油香的种类和口味更加丰富多彩。北方以小麦粉为主料，有发酵面的咸味油香、淡味油香、甜味油香，还有烫面油香、发酵面油旋子等。不同的地域油香的形状各异，大部分地域的油香是圆形的，在西北地区的有些油香在入锅前，要用刀在中间划出一至三个孔，以便受热均匀和内外同时熟化。还可制成各种面点花样，例如，宁夏的馓子就呈细丝状。

油香属于油炸食品，热量较高，高血脂患者、糖尿病患者和肝肾功能不全者不宜多食；老年人、孕妇和肥胖人群更要少食。

2.4.2 传统油香的原辅料

油香一般以小麦粉为主料，辅之以食盐、食用碱和植物油等原料制作而成。可根据不同地域的物产特点、饮食习惯或口味嗜好而选择辅料的种类。常用的辅料有泡打粉、红糖、鸡蛋、蜂蜜、芝麻、香豆粉和薄荷叶粉等。马铃薯油香，是在普通油香的基础上加入马铃薯全粉或马铃薯泥，使其营养更加丰富。

2.4.3 马铃薯油香的制作技术

1. 马铃薯油饼

1）马铃薯全粉复配粉油饼

油饼的手工制作方法类似油条，但比油条短，或多成一种圆饼状，大小和碗口差不多，也有厚而小的油饼。制作方法是取干酵母 6 g，先放在碗里用 220 mL 40℃的温水化开；在酵母水中再化入食盐 5 g，与 500 g 马铃薯复配粉（小麦粉和马铃薯全粉混合，马铃薯全粉占比 20%～50%）混合和成面团，将面团揉到柔软又不沾盆内壁的状态；保温在 30℃左右的条件下发酵到体积变为 2 倍大；将发酵面团取出，放在撒匀小麦粉的案板上，用手揉成长条状，分切成 50 g 左右的小剂子；将小剂子按扁用擀面杖擀成圆形油饼坯；锅内放油，油热到 200℃入锅油饼胚，油饼迅速膨发，先炸透一面，再翻炸另一面。两面焦黄可捞出沥干油分，即可享用（图 2-19）。

图 2-19　马铃薯全粉复配粉油饼

2）马铃薯泥复配油饼

制作马铃薯泥复配油饼的用料及配比：小麦粉 900 g 与马铃薯泥 400 g 混合拌匀的马铃薯面絮、植物油 2000 g（实用 250 g 左右）、白糖 100 g、鸡蛋 150 g、温水 320 mL。制作工艺要用四种和面方法，最后再揉在一起，经过长时间的揉压，再放入油中炸制。

（1）取四分之一的马铃薯泥混合面絮，干酵母用 40℃温水化开，和面成像耳垂一样软的面团，在 30℃下发酵至体积 2 倍大小。

（2）再取四分之一马铃薯面絮，用 60～70℃的热水，边加水边搅面，做成不过软的烫面。

（3）再取四分之一的马铃薯面絮，将 100 g 植物油放入锅中加热到 150℃，拿筷子边搅拌边倒油，搅拌均匀，趁热加入白糖，继续搅拌，拌匀，做成油酥面团。

（4）其余四分之一的马铃薯面絮，与另外的三种面团放在一起，加入搅拌均匀的鸡蛋液，开始揉面，揉到面团光滑；盖上纱布醒发 10 min 后，再揉，再醒发，反复 2～3 次，一直到面团像绸缎一样光滑。

（5）将揉好的面团搓成长条，分切成面剂子，用擀面杖擀成 1 cm 厚的圆片，中间用刀划两道，再在案板上醒发 5～7 min，成油饼坯。

（6）锅中加入植物油，烧至 190℃，入油饼坯，炸至两面金黄即可（图 2-20）。

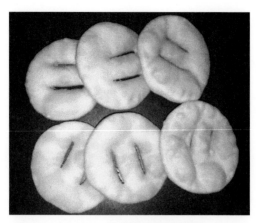

图 2-20　马铃薯泥复配油饼

马铃薯油饼也可以通过连续化加工生产线加工。但由于马铃薯油饼多为早餐食用，消费者喜欢现炸现食，工业化批量加工的需求十分有限。

2. 马铃薯馓子

馓子古称"环饼"或"寒具"。据史书记载，馓子始于北朝，距今已有 1400多年的历史。宋代文学家苏东坡曾写诗赞美馓子的做法："纤手搓成玉数寻，碧油煎出嫩黄深。夜来春睡无轻重，压扁佳人缠臂金。"明代医药学家李时珍在《本草纲目》中记载馓子"以糯粉和面，入少盐，索索扭捻成钏之形，油煎食之"。西北人吃的馓子，素来以股条细匀，香酥甜脆，金黄亮润，轻巧美观，获得中外人士的赞誉。手工制作的馓子也称为摆馓子，必须要有娴熟的技巧，擅长摆馓子的技艺堪称一绝。目前，摆馓子只能靠烹饪技师手工制作。

制作马铃薯馓子的用料为马铃薯全粉与小麦粉的复配粉（马铃薯全粉占比20%）、植物油、食盐、小苏打（碳酸氢钠）、泡打粉、熟芝麻、鸡蛋和水。

（1）备料：分别称取 5 kg 马铃薯复配粉、3000 mL 40℃的温水、4 g 小苏打、75 g 泡打粉、100 g 食盐、150 g 鸡蛋液、100 g 熟芝麻、2 kg 以上植物油（不全用）。另外准备两根细长的干净木棍。

（2）成型：将马铃薯复配粉倒入大盆内，加入鸡蛋液。将食盐、小苏打、泡打粉加入水中充分溶解，倒入马铃薯复配粉中搅拌，充分揉匀，揉面团的时间不得少于 10 min，使得面团具有柔韧性和筋度。将面团放在案板上，用手把面团均匀地按扁摊开，用刀从面团的边缘一点点的向中间切开，把切开的长条放在案板上揉搓成与筷子一样粗细的圆滚长条。另取一盆，倒入植物油，将搓成的细长面条一圈圈的盘在油盆里，在油盆内放置 2 h。

（3）油炸：锅中倒入足量的植物油，用大火将油温烧至 190℃再转成中火；将用油浸泡的细长面条在一只手上松松缠绕 10 圈左右，然后再插入另一只手，双手把缠好的条向外拉长一定距离，用两根细长木棍撑起，双手各持一根，放入油锅里炸制。在入锅后面条还没有变硬时将两根长细木棍相互交叉，把面条叠成扇形，此时取出木棍，馓子在油锅中迅速定型后接触油的一侧变为金黄色，将其翻一下面继续油炸，直至馓子上下的颜色均匀变为金黄色时捞出，沥去多余油分即可（图 2-21）。

图 2-21　马铃薯全粉馓子

3. 其他马铃薯油香

利用马铃薯全粉或马铃薯泥制作的油香产品还有马铃薯糖麻叶等甜油香（图 2-22）。

图 2-22　马铃薯糖麻叶

2.5　马铃薯甜（荞）圈圈

甜圈圈是甘肃陇东和陕北地方的特色传统食品，当地人也称它为荞圈圈或油圈圈。之所以称之为荞圈圈，是因为它是用西北的特产荞麦粉制作而成的。之所以又被之称为甜圈圈，就是由于荞麦粉发酵后其中的淀粉转化为糖，并非添加糖类或甜味剂，完全体现其天然风味。荞麦历来有活命之恩的说法，利用粗粮荞麦粉做成甜圈圈意在让老百姓记住不可随意浪费粮食，中间做成空的就是要告诉后代，如果不勤俭持家，就会坐吃山空。这是既勤劳又节俭的西北人的朴素作风在饮食生活中的充分体现。

2.5.1　传统甜圈圈的特点

传统甜圈圈含有其他食品所不具有的芳香苷味，吃起来清香可口。荞麦含有对人体有益的钙、磷、铁、镁和钾等微量元素，以及丰富的维生素 B_1、维生素 B_2、维生素 E、维生素 P、维生素 C 等，其含量都高于其他粮食作物。人体必需的赖氨酸、精氨酸、烟酸、油酸和亚油酸含量也很高。加之甜圈圈多使用富含 Omega-3 不饱和脂肪酸的亚麻油炸制，以其营养丰富，口外香甜，老少皆宜，成为西北地区的一道美食。近年来。马铃薯主食加工产业的进一步发展，同时盛产马铃薯的大西北又给甜圈圈赋予了新的生命，马铃薯甜圈圈真正成了西北的地域品牌主食。

2.5.2　马铃薯甜圈圈的原料

马铃薯甜圈圈的原料主要为马铃薯泥、荞麦粉及小麦粉、干酵母和植物油等。

2.5.3　马铃薯甜圈圈的加工技术与装备

过去，传统的甜圈圈全靠手工制作。由于马铃薯甜圈圈外形规则，有利于利用工业化技术加工成型，后续的熟化多采用连续化的油炸或烤制，产品适合冷冻储藏，因而马铃薯甜圈圈已经实现工业化、自动化加工制造。

1. 马铃薯甜圈圈的工业化加工工艺流程（图 2-23）

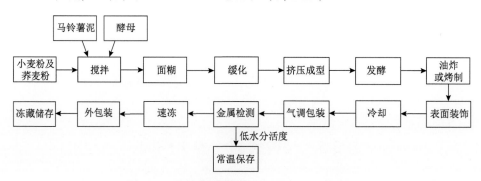

图 2-23　马铃薯甜圈圈的工业化加工工艺流程

2. 马铃薯甜圈圈的工业化加工生产线（图 2-24）

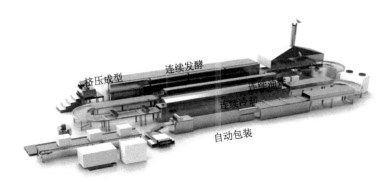

图 2-24 马铃薯甜圈圈（油炸）自动加工生产线

马铃薯甜圈圈自动加工的主要工序图解如图 2-25 所示。

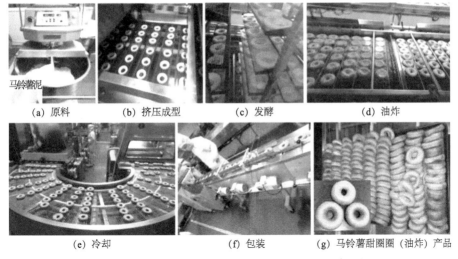

图 2-25 马铃薯甜圈圈（油炸）自动加工主要工序图解

为了降低油炸马铃薯甜圈圈的热量值，提升营养品质，也可以通过模具切割成型、发酵后进行烤制（图 2-26）。

图 2-26 烤制的马铃薯甜圈圈

2.6 马铃薯大麻花

马铃薯大麻花也可以利用马铃薯泥或马铃薯全粉与小麦粉复配制作而成,具体的手工制作工艺如下。

2.6.1 原辅料

准备 500 g 马铃薯复配粉(小麦粉与马铃薯全粉或马铃薯泥混合,马铃薯干物质占比 15%~30%);将 4 个鸡蛋的蛋液、小苏打 0.6 g、食盐 5 g、白糖 20 g、熟食用油 30 g、奶粉 32 g,加入到 100 mL 的水中混合成均匀液体;另备熟芝麻 60 g。

2.6.2 和面

将上述液体原料少量多次加入到马铃薯复配粉中,边加入边搅拌,直至能和成一个软硬适中的面团。

2.6.3 发酵

将面团保温保湿发酵至 2 倍大,切忌面团不可发酵过度。如果发酵完成后不及时制作,需将面团暂时放置到冰箱中冷藏保存。

2.6.4 搓条

将发酵后的面团搓成粗条,保湿状态下醒发 8~10 min。

2.6.5 成型

将粗条再搓成细条,每两根细条对折拧成一条。拧好的两条细条尾部相连,再将尾部塞进麻花回折中。表面沾匀熟芝麻。

2.6.6 油炸

锅中放油,加热到 140℃左右低温炸制,以免外焦里生。炸制时注意多次翻动,使得麻花炸制均匀。待麻花变成枣红色时即可捞出沥油(图 2-27)。

每根麻花的质量有 100 g、250 g、500 g、1000 g 和 1500 g 等多种。

图 2-27　马铃薯大麻花

2.7　马铃薯荞麦饸饹

荞麦饸饹是我国西北乃至华北的一种传统民间面食小吃，其外观像粉条一样滑溜，过去是一种家庭自己制作的汤食面点，如同家中做的手擀面一样普通。

2.7.1　传统荞麦饸饹的特点

据记载，饸饹是明初由陕西传向西北其他地区及北方各地。制作饸饹面最初就以荞麦粉为主料，传统的做法是用一种木制的叫作"饸饹床子"的工具，小的长度不到 1 m，大的横跨大铁锅，床身用粗壮木头在中间挖一个圆洞，下面镶一块开有很多小孔的铁皮。与床身平行安装一根木棍，其上在对准圆洞处装一个比圆洞略小的木芯使之像活塞一样可在圆洞中上下运动。制作饸饹时，将饸饹床子架在锅上，锅内水烧开后，将揉好的荞麦面团塞满圆洞中，然后利用杠杆原理将木芯用力压入圆洞，面条被挤压出小孔落入锅中（图 2-28）。待饸饹煮熟后捞入碗中，浇上羊肉汤等卤汁食用。这是我国劳动人民最早创造的无面筋荞麦面食的挤压制作方法。

图 2-28　传统木制饸饹床子挤压荞麦饸饹

传说在我国红花荞麦主产地——陕西三边（靖边、安边、定边）起家的孙传庭总督于崇祯十六年（公元 1643 年）年初出兵潼关，来到河南与李自成起义军相战。为了满足陕西官兵的饮食需求，每个编制自带 20 部木制饸饹床子。同年 10 月，两军在郑城（今河南省中牟县）东南讲武场开火，起义军用"以利诱之，以敌取之"的智谋，丢弃金银、辎重于道而得胜。孙传庭的部队溃不成军，只得轻骑突围向西逃窜，数十部饸饹床子为郑城李庄百姓及起义军所得。罕见的饸饹床子使得百姓喜不自胜，一时在街旁馆巷开锅压面。从此，陕北饸饹的饮食习俗向东推进了一大步。

马铃薯也是无面筋的原料，与荞麦粉及小麦粉混合制作挤压饸饹面无论在风味还是在营养方面均有很大程度的创新。

2.7.2　马铃薯荞麦饸饹的原料及配方

马铃薯全粉 300 g（或薯泥 600 g）、荞麦粉 400 g、小麦粉 300 g。

2.7.3　马铃薯荞麦饸饹制作工艺流程（图 2-29）

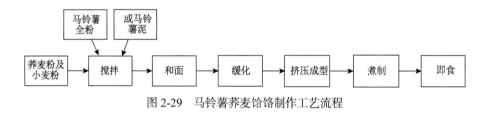

图 2-29　马铃薯荞麦饸饹制作工艺流程

2.7.4　马铃薯荞麦饸饹的制作技术与装备

马铃薯荞麦饸饹有手工和机械两种制作方式。

1. 马铃薯荞麦饸饹的手工制作方法

马铃薯荞麦饸饹的手工制作仍沿用传统的方法，但是"饸饹床子"已经有很大的改进，各部件均由金属制作而成，挤压方式也采用杠杆结合齿轮转动更为科学的方法，省力省工，适合家庭和小型餐馆使用（图 2-30）。

操作要点：

（1）将马铃薯蒸熟、去皮、捣成泥状；

（2）将马铃薯泥与荞麦粉及小麦粉按比例混合，和成软硬适中的面团；

（3）将饸饹机放置在锅上，和好的面团按照饸饹机圆筒一次盛料的体积搓成长柱状，在温水里蘸一下，塞入盛料圆筒内；

（4）按住饸饹机压面的压面杆，用力压，将面团从小孔中挤出压入开水锅中。面团压尽后，从饸饹机床底出面金属板的下方将饸饹割断，煮熟后捞出即可食用。

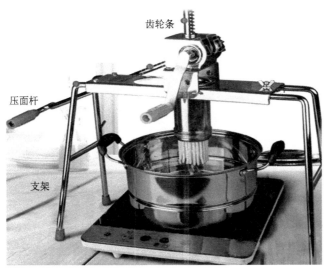

图 2-30　家庭和小型餐馆使用的饸饹机

2. 一体化饸饹挤压技术与装备

传统的饸饹床子制作饸饹是靠人工采用杠杆作用将面团挤成长条，不仅费力、费工且难以实现标准化。一体化饸饹挤压机，将挤压、成型和煮面等流程程序化，实现一体化标准制作工艺，同时大大提高挤压效率、减轻劳动强度。

一体化饸饹挤压机采用电机自动驱动挤压，使饸饹制备过程中压力均匀而恒定，独特的设计使挤压过程中模头垂直下压而不旋转；利用出面金属板上不同的模具开孔，有粗细不同的圆孔、扁孔或椭圆孔等，使挤出的面条呈不同粗细、不同截面形状的饸饹面。挤出的饸饹面通过自带切刀切断，依据挤出的时间节段切断而实现定量煮面与分餐；煮锅下接大功率电磁炉，煮面的时间和热力恒定，煮出的饸饹面爽滑、劲道，口感恰到好处，可炒、可拌、可浇汤食用（图 2-31）。

图 2-31　一体化饸饹挤压机及挤出的马铃薯荞麦饸饹产品

　　一体化饸饹挤压技术与装备可应用于实时批次制作马铃薯荞麦饸饹，满足连锁餐饮店、宾馆饭店、大型食堂和中央厨房等饸饹面食餐饮的供应。饸饹挤压工艺高度集成、操作简单、占地面积小，一人操作即可，每台设备每小时可供120人同时食用。

第3章　华北地区马铃薯特色主食加工技术与装备

华北地区的河北、山西和内蒙古中部也是我国马铃薯主产区之一，历来就有将马铃薯作为主食食用的传统习惯。当地居民食用马铃薯的方法十分丰富，利用马铃薯的全营养特点，单靠其本身可制成各种地方特色的马铃薯主食产品，如土豆泥、捣拿糕等；还有将马铃薯与小麦粉复配制作的刀削面、酸奶饼和烤馍片等。此外，由于华北地区杂粮主食十分普遍，马铃薯与莜麦等杂粮粉复配制作马铃薯莜麦栲栳栳、马铃薯莜麦鱼鱼、马铃薯莜麦抿尖和马铃薯莜麦饸饹等系列主食也颇具地方特色。

3.1　土　豆　泥

这里所说的土豆泥是经过烹调的熟制马铃薯泥，山西人称之为山西土豆泥，家家户户和小吃餐馆都会手工制作。如今，马铃薯泥也可以通过工业化设备实现标准化、自动化加工。

3.1.1　土豆泥的常用配方及手工制作方法

土豆泥的制作方法比较简单，先将马铃薯放到容器中蒸熟或煮熟，去皮后制成泥状，再加入其他辅料或调料搅拌均匀。这种土豆泥适合即做即食，口感香滑软糯，使马铃薯凸显其天然的味道，更适合小孩与老人的喜好与口味。山西岚县民间又习惯将土豆泥做成"捣拿糕"，俗称"一团和气"，赋予了马铃薯全新的口感风味，是地方土豆泥小吃的典型代表。

1. 葱香土豆泥

原料：鲜马铃薯 500 g、姜末 15 g、葱花 20 g、蒜泥 10 g、食盐 3 g、酱油 15 g、食用油 15 g。

制作方法：

（1）先将马铃薯洗净、蒸熟、去皮，切成小块。

（2）锅入油加热，姜末倒入炒香，再放入蒸好的马铃薯块，用锅铲将薯块压成泥状。待均成泥状时，加入适量的水，翻炒几下，倒入酱油、蒜泥和食盐，继续炒拌，待颜色均匀就可起锅。

2. 蔬菜土豆泥

原料：马铃薯 500 g、花菜 80 g、胡萝卜 50 g，切丁；蒜头 1 个，切末；新鲜芹菜 10 g，切末；食盐 5 g，现磨黑胡椒 3 g，芝麻油 10 g。

制作做法：

（1）马铃薯去皮、洗净，切成大块，蒸熟后冷却，放入保鲜袋，用擀面杖反复擀平成泥；

（2）锅内加水和少量食盐，煮沸，加入分切的花菜和胡萝卜丁，漂烫 2 min，沥干；

（3）将土豆泥与蔬菜丁及其余食盐和黑胡椒一直搅拌到顺滑为止。食用时用少许欧芹点缀即可。

3. 三鲜土豆泥

原料：马铃薯 400 g、蘑菇（鲜蘑）50 g、甜玉米粒 50 g、虾皮 25 g、植物油 20 g、食盐 3 g、鸡精 2 g、白葱 10 g。

制作方法：

（1）将马铃薯洗净、蒸熟、去皮后，压成泥状；

（2）蘑菇洗净，切丁；

（3）虾皮剁成末；

（4）葱切末；

（5）炒锅注油烧热，下入葱末炝锅，放入蘑菇丁、甜玉米粒、虾皮末、少许水焖片刻，倒入土豆泥，加食盐、鸡精炒匀即可。

4. 平遥牛肉土豆泥

原料：马铃薯 500 g、平遥牛肉 80 g、白葱 10 g、生姜 10 g、蒜 5 g、淀粉 4 g、食盐 5 g、料酒 10 mL、酱油 15 mL、白糖 6 g、鸡精 7 g、食用油 30 g。

制作方法：

（1）马铃薯洗净、去皮、蒸熟后，压成泥状；

（2）葱、姜、蒜切末；

（3）牛肉剁成肉末，加入食盐、料酒、酱油拌匀，腌制 5 min；

（4）锅内加入油烧热，下牛肉末煸炒至肉色变白，加入蒜末、姜末、白糖，加适量水煮 10 min，加入鸡精，勾芡成牛肉末酱；

（5）将牛肉末酱浇在土豆泥上，撒上葱末、蒜末即可。

5. 岚县马铃薯捣拿糕

原料：马铃薯 500 g、白葱 20 g、蒜 10 g、香菜 4 g、陈醋 20 g、生抽 8 g、食

盐 5 g、辣椒酱 30 g。

制作方法：

（1）马铃薯洗净、去皮、切块，上笼蒸熟；

（2）蒸熟的马铃薯放置在通风处冷却 1~2 h；

（3）取一个厚的瓷盆，用"抿拐"将冷却的马铃薯块捣、抿、揉、甩，直至盆内面呈光滑不沾的"糕"状。提起"抿拐"，将整个"糕"状的土豆泥"拿"出，刮入盘中整型，即为捣拿糕；

（4）用陈醋、生抽、食盐、蒜蓉和辣椒酱调成汁料；

（5）捣拿糕上浇调好的汁料，加上香菜、葱末、蒜末即可。

岚县马铃薯捣拿糕有三绝，即制作手法绝、外观形状绝、入口口感绝（劲道绵香）（图 3-1）。

抿拐捣糕　　　　　　　　　　　　马铃薯捣拿糕

图 3-1　岚县马铃薯捣拿糕

3.1.2　土豆泥的工业化加工技术与装备

手工制作的土豆泥只适合在家庭或食堂、餐馆享用，对于外出携带的方便产品则必须通过工业化的加工技术。工业化的加工技术多利用马铃薯熟全粉代替蒸熟的马铃薯泥来制作独立包装、不同口味的土豆泥产品，其货架期长，食用时加入开水冲调即可。

1. 土豆泥的工业化加工工艺流程（图 3-2）

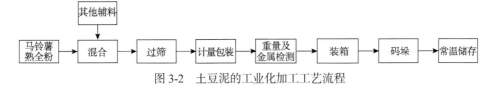

图 3-2　土豆泥的工业化加工工艺流程

2. 土豆泥的工业化加工技术

1）操作技术要点

（1）原料处理：按照产品配方将所有的原料粉碎，以方便多种物料的混合。

（2）上料：将处理好的混合原料经过负压传输设备输送到混合设备。

（3）混合：将各种原料在混合设备内进行充分均匀的搅拌。

（4）包装：混合均匀后的物料进入包装机盛料仓，按每袋包装量进行计量分装。团体人群消费可包装为软包装袋的大包装，家庭及个性化消费的可采用杯状包装方式。

（5）重量及金属检测：成品在进行包装、封口、打码后，要进入重量及金属检测区进行检测，以保证土豆泥产品的卫生与质量安全。

2）土豆泥加工生产线

目前，市场上有十分成熟的土豆泥加工装备，袋装或杯装包装方式均可实现自动化生产（图 3-3）。

(a) 土豆泥自动化生产线

  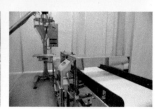

（b）混合　　　　　　　（c）分装　　　　　　　（d）重量及金属检测

图 3-3　土豆泥自动化生产线

3.2　马铃薯与小麦粉复配的特色主食

马铃薯与小麦粉复配的特色主食有马铃薯刀削面、马铃薯酸奶饼和马铃薯烤馍片等。

3.2.1　马铃薯刀削面

1. 传统刀削面的特点

在元朝，传说为了防止民间造反起义，鞑靼将各家的金属器件全部没收，规定每 10 户人家共用厨刀一把，切菜做饭轮流借用，用后必须交回辖鞲保管。某日，一位主妇和好面后，让男主人去借刀，结果刀被另一家借去，男主人只得空手返回。当走出辖鞲的大门口时，男主人的脚碰到一块薄铁皮，他顺手捡起带回家中。到家后，煮锅水已经烧开，主妇等刀切面。男主人急中生智，忽然想起那块铁皮，就取出来试着切面。主妇一看，铁皮又薄又软，便说："这么薄的铁皮怎能切面？"男主人说："切不动砍断可以吧！"一个"砍"字提醒了主妇，她将面团用左手托起，右手持铁片，站在开水锅边上开始"砍"面，面条一片片落入锅中，煮熟后捞出，浇上卤汁先让男主人吃。男主人边吃边说："太好了，以后再不用借刀去了。"如此村里一传十，十传百，传遍晋中大地。这种"砍面"技艺在传承中不断革新，由"砍面"演变为"削面"，因此得名"刀削面"。

刀削面是山西的传统面食，流行到我国中原和北方各地。用刀削出的面条，中间厚两边薄，中端宽两头窄；面条棱锋分明，外形似柳叶；具有入口外滑内筋、软而不粘等特点。刀削面可浇卤食用，也可作为汤面或炒制，深受面食嗜好者的欢迎。

采用马铃薯全粉或马铃薯泥与小麦粉混合制作刀削面，不仅可以提高刀削面的营养价值，更是实现马铃薯主食化的重要途径之一。

2. 马铃薯刀削面面团的原辅料及配方（表 3-1）

表 3-1　马铃薯刀削面面团原辅料及配方

原辅料	质量份数
马铃薯全粉（或马铃薯泥折合干物质）	60
小麦粉	240
鸡蛋	50
食盐	6
水	70（用马铃薯泥需调整）

3. 马铃薯刀削面的制作技术与装备

1）马铃薯刀削面的手工制作技术

（1）削面刀及其使用方法。

a）削面刀的结构。

刀削面的奥秘在于刀功。家庭用的菜刀不能用于削面，要用便于手抓和削面的特制弧形削面专用刀。从刀削面发明到现在，削面刀的形状和结构经历了许多次的改进和革新。传统削面刀形态结构如图 3-4～图 3-6 所示。

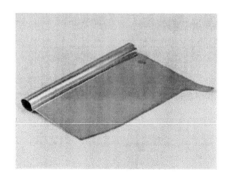
　　（a）弧刃削面刀

　　（b）平刃削面刀

图 3-4　传统不锈钢质削面刀外观图

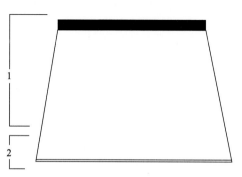

图 3-5　削面刀正视图

1. 手持部；2. 刃部，向一面微卷起呈弧形

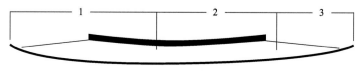

图 3-6　削面刀侧视图

1. 抵部，位于前端，约占刀具的五分之二，微向上翘起，使削面刀轻贴于面团上不至于嵌入面团中，且具有导向作用；2. 刃部，位于中部，约占刀具的五分之二，是削面的主要部位；3. 承部，位于后端，约占刀具的五分之一，微翘起。其作用是当 2 将面条削起之后，3 将面条托起并随惯性推入锅中

　　b）削面刀的使用方法。

　　传统的操作方法是一只手托面团，一只手握刀，将面条直接削入开水锅中。其要点是："刀不离面，面不离刀"。胳膊曲肘平抬，手端一条线，在面团上一棱赶一棱削面。平刀削出的面条是扁条，弯刀削出的面条则是三棱。具体操作方法如下。

　　（i）削面刀的凹面向上，一般右手握刀，拇指在抵部之下，其余四指在抵部之上，左手手掌托在揉成长圆形面团底部。

（ⅱ）削面刀在锅中轻蘸一点水，将抵部放置于面团近身一头距离的右侧，刃部与面团长径方向成 30° 角。

（ⅲ）将面团前端对准锅口，右手均匀用力，顺面团近身方向外划出弧线，使刃部将面团凸起部分均匀削下，由承部将削下的面条推入锅中。

（ⅳ）右手保持同样握刀姿势与方向回到步骤中起点，将削部对住刚才削过的上一条削面的棱口，重复该步骤的动作，依次削出面条。

（ⅴ）当削到面团短径的另一侧时，右手保持同样持刀姿势与方向回到步骤中起点，从第一层削过面的棱口处继续重复步骤。

（ⅵ）当面团被一层层削薄不适合再削时，将削薄的面团取下，与下一个面团和并揉光，重复以上步骤，直至达到所需面量即可。

（2）刀削面的操作要点。

a）和面：分别称取原辅料，用搅拌机将原辅料预混 2 min。混合均匀后，再利用搅拌机等进行和面，先拌成面絮，再和成面团，和面时间为 10 min。

b）饧面：即为醒面，将和好的面团用保鲜膜或拧干的湿布盖住，饧面 30～50 min。

c）揉面：将饧好的面团反复揉压，直到揉匀、揉软、揉光。如果揉面功夫不到，削时容易粘刀、断条。然后分成 500 g 左右的剂子，整型为长扁圆形面团。

d）削面：按照削面刀的使用方法，左手托起揉好的面团，右手握刀，手腕要灵，出手要平，用力要匀，将面条削入开水锅中。

削面也可以使用仿生刀削面机。仿生刀削面机是近年来研制投入市场代替人工削面的削面设备（图 3-7）。设备通过电子按钮或遥控操作，与人工削面的形状和口感十分接近，且削面的薄厚和宽窄在一定范围内可以任意设定，削面工艺更加标准化。为提高削面效率，还可以设计为双臂双刀削面，一般一台设备可供 80 人左右同时食用。

图 3-7　仿生刀削面机

e）煮面：削够 2～3 人份食用量，盖上锅盖，煮制 3～5 min 捞出即可食用。

刀削面好吃除面条本身外，还取决于卤酱或浇头。刀削面的卤酱或浇头多种多样，如番茄鸡蛋卤、茄丁卤、三鲜卤、肉末雪菜卤、金针菇木耳鸡蛋卤、肉炸酱、牛肉汤和羊肉汤等。

2）马铃薯刀削面的工业化加工技术与装备

刀削面作为一种传统的面食，深受喜好面条消费人群的欢迎。目前的刀削面大多采用手工的方式现削现食，工艺复杂，且制作需要娴熟的技艺，消费者必须到餐馆享用或者在家庭制作。随着社会经济和城镇化的迅速发展，生活节奏的加快促使着人们改变了传统的生活方式，新一代的消费群体在不断壮大，使方便食品越来越保持良好的增长势头，市场有着巨大的发展潜力。为了方便广大食客随时可以吃到刀削面，很多企业使用工业化和面机、刀削面机及熟化和干燥等设备，将传统的手工制作实现工业化生产，推出了包装的刀削面工业化产品。虽然与手工现做的刀削面在口感上有一定差距，但其生产效率高，面条质量均匀，对满足刀削面食客的方便需求迈出了可喜的一步。为了确保刀削面工业化产品的加工质量，《山西刀削面制作规范》（DB14/T 1213—2016）已于 2016 年 8 月 30 日正式实施，积极推进了刀削面的规范化和产业化生产。

（1）工业化马铃薯刀削面的加工工艺流程如图 3-8 所示。

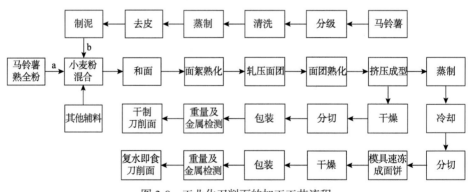

图 3-8　工业化刀削面的加工工艺流程

利用延压分切技术加工马铃薯刀削面在后续工艺中面带的强度和密实度还达不到制作刀削面的要求，容易变形破损，制好的刀削面食用时面片易糊烂，没有韧性。工业化加工马铃薯刀削面最好采用挤压技术，主要工艺包括和面、面絮熟化、轧制面团、面团熟化、挤压成型和干燥等步骤，即可制得干制的刀削面产品。其中，轧面及成型步骤是较为关键的工艺流程。如果需要制作成为复水即可食用的刀削面，则在挤压成型后，经过蒸制，再干燥即可。马铃薯刀削面的原料可利用马铃薯全粉，也可利用鲜薯制作成为薯泥进行和面。

（2）马铃薯刀削面的工业化加工技术要点与装备。

a）和面：将马铃薯复配粉（或小麦粉加马铃薯泥）用真空和面机和成面絮，和面温度为 20～25℃，和面搅拌时间为 8～10 min，加水量为复配粉质量的 35% 左右（使用薯泥和面时，需要调整加水量）。

b）面絮熟化：面絮在连续化恒温恒湿的熟化机内（温度 25℃，相对湿度 80%）熟化 40 min 左右。

c）轧压面团：将熟化的面絮通过强力复合轧面机轧成面团。

d）面团熟化：将轧压的面团在连续化恒温恒湿的熟化机内（温度 25℃，相对湿度 80%）熟化 40 min 左右。

e）挤压成型：利用双螺杆挤压机挤压成中厚边薄、棱锋分明的刀削面形状。

f）干燥：中低温分段干燥，分切后即得干制的刀削面。

对于非油炸的复水即食刀削面，在 e）挤压成型后，再进行以下步骤。

g）蒸面：在蒸面机中蒸 10～15 min[图 3-9（a）]。

h）速冻：冷却后分切，在模具内制成一份人的面饼[图 3-9（b）]，在–35℃条件下速冻 20 min。

（a）蒸制　　　　　　　　　　　　（b）成型速冻

图 3-9　马铃薯刀削面的蒸制与成型速冻

i）预烘干：在 85℃下预烘干 8～10 min。

j）热风干燥：60～40℃条件下变温变湿多阶段干燥 2～3 h，含水量≤14% 即可。

3.2.2　马铃薯酸奶饼

当酸奶与小麦粉等巧妙融合便可创造出一种属于蒙古族的美食"酸奶饼"。其主要食材有原味酸奶、小麦粉、五谷杂粮粉、鸡蛋和白糖等，制作工艺简单，做出的饼香甜可口。有研究表明，马铃薯全粉和酸奶可以用于制作面包。将马铃薯泥加入到酸奶饼食材中，制作成马铃薯酸奶饼，薯香、麦香与乳香相互交融，口感软糯，绝对是舌尖上的享受。

1. 马铃薯酸奶饼的原辅料

马铃薯酸奶饼的原辅料及配方为马铃薯泥25%（质量分数，后同）、小麦粉20%、原味酸奶30%、鸡蛋液10%、食用油2%、白糖11.5%、泡打粉1.5%，必要时加少量水调整。

2. 马铃薯酸奶饼的家庭手工制作方法

（1）上述食材充分混合，用打蛋器打匀，搅成糊状。

（2）将不粘锅电饼铛调至中火，用小勺舀一勺（60～80 g）面糊倒入锅里，面糊会自动散开呈规则圆形，各面糊饼坯均匀分布在锅底。

（3）盖上电饼铛锅盖。

（4）约2 min，底面烙至金黄色，翻另外一面再烙2 min左右即可（图3-10）。

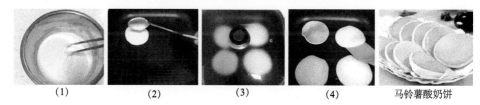

（1）　　　　　（2）　　　　　（3）　　　　　（4）　　　　马铃薯酸奶饼

图3-10　马铃薯酸奶饼家庭手工制作方法

3. 马铃薯酸奶饼的工业化加工技术与装备

（1）面糊调制：将上述原辅料按比例混合，低速搅拌机中搅拌混合均匀，制得马铃薯酸奶饼面糊。

（2）分注：将马铃薯酸奶饼面糊装入烤制机的盛料斗，通过盛料斗下方分注器按照每一个酸奶饼的质量要求分注到烤盘的模型容器中（图3-11）。模型容器可设

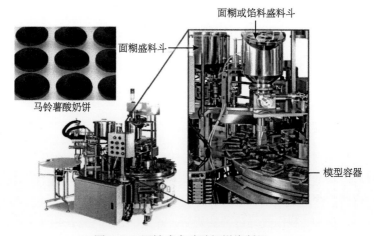

图3-11　回转式自动酸奶饼烤制机

计成多种形状,根据需要还可以注入馅料。

（3）烤制:启动回转式烤盘电源进行烤制。烤制中途模型容器上下反转再烤其背面,烤盘回转一周,烤制 10～15 min（烤盘回转一周的时间在一定范围可以调节）即可。

（4）出饼:烤好的酸奶饼自动从模型容器中弹出,此时空出的模型容器又回到分注器下方,再注入面糊,如此循环。

3.2.3　马铃薯烤馍片

烤馍片,也称为馍片、馒头片,它来自民间。最初是家庭制作的馒头一时吃不完时分切成片,晾干而成的休闲零食,其麦香浓郁,酥脆可口。随着休闲食品市场的繁荣,20 世纪 90 年代华北一带（主要是河北、山西和内蒙古等）将馒头的生产工艺和饼干的生产工艺相结合发展了烤馍片规模化加工产业,烤馍片成为十分普遍的特色休闲食品,深受各个年龄段人群的喜欢。利用不同主辅原料制作的烤馍片不但有着漂亮的外观和美味,而且营养十分丰富,作为早餐简单又实惠。对于上班族来说,烤馍片是简单快捷的早餐主食,再配上一杯牛奶或者豆浆,营养更加均衡。如果在家庭食用,烤馍片外裹上一层鸡蛋液煎制,内酥外软,醇香美味。马铃薯馒头本身的薯麦香味交融,由此制成的烤馍片则越嚼越香。

1. 马铃薯烤馍片的主辅原料

马铃薯烤馍片所使用的主辅原料与马铃薯馒头相似。以使用马铃薯全粉为例,馒头配方为:在 100 质量分数的马铃薯复配粉（其中马铃薯全粉占比 30%、小麦中筋粉占比 67%、谷朊粉占比 3%）中,加入干酵母 0.5 份、水 45 份、食盐 0.3 份、白糖 4 份、植物油 2 份。

为了增加花色品种,马铃薯馒头坯还可加工成金银馒头（含玉米原料）、紫薯馒头、大枣馒头、葡萄馒头、核桃馒头、蓝莓馒头和枸杞馒头,继而再制作成烤馍片;烘烤后在其表面粘裹咸鲜、葱香、麻辣、牛肉、鸡肉、咖喱、孜然、果蔬等粉体或液体调味料进行调味和装饰,品类十分丰富,营养格外均衡。

2. 马铃薯烤馍片的工业化加工技术与装备

1）马铃薯烤馍片的工业化加工工艺流程

马铃薯烤馍片的工业化加工工艺流程如图 3-12 所示。可使用马铃薯全粉或马铃薯泥作为原料来保留马铃薯的全营养组分。

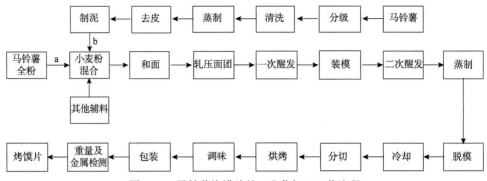

图 3-12　马铃薯烤馍片的工业化加工工艺流程

2）马铃薯烤馍片的工业化加工技术要点与装备

马铃薯烤馍片的加工适合流水线生产。生产线主要包括：和面机、揉面机、醒发单元、成型模具、蒸制单元、冷却单元、切片机、喷液机、撒料机、烘烤单元（烤盘、网带）和包装机（计量）等。马铃薯馒头坯的蒸制技术和装备与普通的馒头生产线大同小异，加工技术要点如下。

（1）成型：面团压面 10～12 次为宜，增加面团组织密度。成型方式一般装在指定的模具里，保证蒸出的馒头形状规则，便于分切成片，提高成品率。

（2）二次醒发：在 35℃、相对湿度 80% 的条件下，醒发 40～60 min。

（3）蒸制：一般蒸制 30～35 min。

（4）脱模：冷却后从模具内脱模[图 3-13（a）]。

（5）冷却：利用连续冷却塔[图 3-13（b）]，冷却 40～60 min，至表面发硬为止。

（a）馒头脱模　　　　　　　　　（b）冷却塔

图 3-13　烤馍片生产线中的馒头脱模及冷却塔

（6）切片：分切成厚度均一的片状。

（7）烘烤：通过隧道式烘烤炉连续烘烤，至表面金黄色，含水量≤10%。

（8）调味与装饰：用喷液机或撒粉机在烤馍片的表面均匀喷上调味液，撒上调味粉，并进行表面装饰。

（9）包装：由于切片形状一致，薄厚均匀，可计片包装。如果调味品中含有油脂，需要用高阻隔的包装材料真空包装，防止氧化酸败和变色。

马铃薯烤馍片产品如图 3-14 所示。

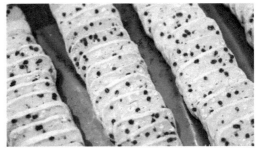

图 3-14　马铃薯烤馍片产品

3.3　马铃薯与莜麦复配的特色主食

莜麦栲栳栳等特色主食是山西（主要是大同、吕梁和忻州等地区）、内蒙古及河北张家口等盛产莜麦的高寒地区流行的一类地方特色面食小吃。莜麦栲栳栳在华北地区民间除了是家常美食外，有犒劳亲朋贵宾之意。在朔州和吕梁山区，吃莜麦栲栳栳具有"和睦"、"牢靠"的美好象征。每逢老人寿诞、小孩满月、逢年过节，多以莜麦栲栳栳招待宾客；婚配嫁娶时，新郎新娘也要吃，意寓白头偕老；年终岁末时全家皆食，以祈阖家幸福。将马铃薯泥与莜麦粉混合制作马铃薯莜麦栲栳栳、马铃薯莜麦鱼鱼、马铃薯莜麦抿尖和马铃薯莜麦饸饹特色主食在华北地区也由来已久。

3.3.1　马铃薯莜麦特色主食的原料

莜麦粉 60%、马铃薯全粉（或马铃薯泥折合干物质）40%。

3.3.2　马铃薯莜麦特色主食的制作工艺

1. 马铃薯莜麦栲栳栳

马铃薯莜麦栲栳栳的手工制作方法主要分三个步骤，即一和面、二搓片、三搭卷。

莜麦栲栳栳的制作工艺非常严格，必须用滚烫的开水和面，用筷子搅拌成面团，趁热将其揉成光滑面团，保湿醒面 30 min。然后搓条、揪块，放置在光净的案板上，用手掌推出形如人舌状又薄又匀的长片儿，接着用手指揭起挑搭即成圆筒形，一个挨一个整齐地排立在蒸笼上，像蜂窝一样，蒸 10 min 即可食用。

手工制作技艺要点如下（图 3-15）。

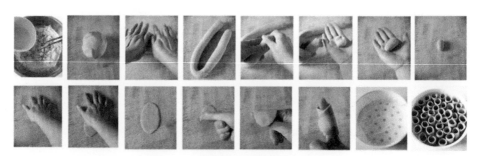

图 3-15　马铃薯莜麦栲栳栳制作方法

（1）莜面和马铃薯全粉过筛，缓慢分次加入开水，用筷子迅速搅拌成面团。

（2）用手将其揉成一整块光滑面团，分成若干等份的剂子，搓成大拇指粗细的长条状。

（3）从条状面团上取一块 20 g 左右的小面团，揉成长椭圆形，放置在光滑的案板上，一只手的手心向下，面团在手心下方用手掌根部的力量往前推。

（4）推出约为手掌长的面片，用食指将面片从案板上挑起，卷成筒状。

（5）卷好的栲栳栳，竖立整齐放置在事先备好的蒸屉上。依次搭卷排列，摆放成蜂窝状。

（6）锅里添水，将蒸屉放入锅内，盖上锅盖，大火蒸 10 min 即可出锅。

浇蘸卤料即可食用。

马铃薯莜麦栲栳栳的工业化制作技术装备目前尚不成熟。

2. 马铃薯莜麦鱼鱼

马铃薯莜麦鱼鱼，又称面鱼子，因形像银鱼而得名。

1）马铃薯莜麦鱼鱼的手工制作方法

马铃薯莜麦鱼鱼烫和面团的方法与莜麦栲栳栳相同，也分成剂子揉成长圆条状。

（1）取下 10 g 左右的小块在案板上搓圆，再搓成两头细中间粗的条状。

（2）用手指或刮片轻轻的刮起，就成了鱼鱼。

（3）将鱼鱼放入开水中煮 3～4 min 捞出，或在铺有蒸笼布的笼屉上，大火蒸 10 min。

浇卤料即可食用（图 3-16）。

图 3-16　马铃薯莜麦鱼鱼的制作方法

2）马铃薯莜麦鱼鱼的工业化加工技术与装备

目前市场上已有能批量制作莜麦鱼鱼的自动搓面鱼机，鱼鱼大小、粗细在一定范围内均可调节，适合连锁餐馆和大型食堂使用。搓面鱼机包括动力装置、调速装置及成型装置。在成型装置的搓轮上设有弧形槽，搓轮由动力轴带动并安装于成型架上，在成型架上与搓轮配合设有上搓带辊和下搓带辊，在下搓带辊上设有搓带辊轴及搓带辊齿轮，在搓轮下方设有刮板和鱼鱼出口（图 3-17）。

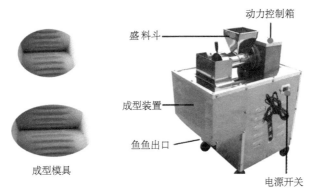

图 3-17　自动搓面鱼机

3. 马铃薯莜麦抿尖

抿尖是山西传统家常特色面食代表之一，晋语称为抿圪抖儿。"抿"字表示此种面食的制法，"尖"则是指此种面食出锅后的形状。民间谜语云："疤女子朝天起，小后生挽占起，不地不喳闹打起"，惟妙惟肖地描述了抿尖制作的过程。抿尖口感爽滑，易于入口且容易消化，深受大众喜欢。

1）马铃薯莜麦抿尖的原料

传统抿尖通常将莜麦粉与豌豆粉按一定比例混合制作，马铃薯莜麦抿尖则在其中再添加 30%左右的马铃薯泥或马铃薯熟全粉，复配成马铃薯莜麦抿尖专用原料，既提高抿尖制作时需要的面团黏性，同时低糖低脂，含有丰富的蛋白质、人体必需的氨基酸、维生素及膳食纤维，营养价值大幅提升。

2）抿尖的手工制作方法

抿尖是利用称为抿床[图 3-18（a）]或擦床[图 3-18（b）]的工具进行制作，方法简单，省去擀面、切面等过程。抿床向下低凹，呈圆口状，上有若干圆形小孔，孔边无刃。抿床附带一个抿拐，将面团放在抿床上，用抿拐用力将面团向下压挤；擦床的形状是呈月牙状向上拱起，上有若干个扁形孔，孔边带有钝形刀刃，孔口偏斜朝上，制作时将面团放在擦床上，用手掌将面团向下压挤。制作擦尖时不能着急，孔口的刀刃很容易将手掌擦破。抿床和擦床做出的抿尖形状是不一样的，抿出的断面是圆形的，擦出的断面是扁形的，擦出的抿尖也称为擦尖。抿尖和擦尖二者的长度均为 2～3 cm，形似蝌蚪。为了防止面团产生面筋，不能和面过早，否则不易压出，在下锅前和好面团即可。抿床用面团要和得软些，擦床用面团和得硬些（如同饺子皮面团的软硬度）。无论用抿床还是擦床，制作前将锅里的水烧开，抿床或擦置于锅沿上，抿擦出的抿尖即从孔下落入锅中。煮熟后将抿尖用笊篱捞起，一般浇各种卤（番茄鸡蛋、茄丁肉末等）或烩煮食用[图 3-18（c）]。

（a）　　　　　　　　　　　（b）　　　　　　　　　　　（c）

图 3-18　马铃薯莜麦抿尖及制作方法

4. 马铃薯莜麦猫耳朵

猫耳朵是山西等地区的一种传统地方特色面食，也称为"碾饦饦"、圪搓面和麻食等。猫耳朵面食具有悠久历史，与我国早期的"馎饦"类似，由于其形如猫耳朵而得名。明清时期，猫耳朵已在山西民间普遍食用，并陆续传播到陕冀鲁豫乃至江南等地。老舍先生在北京晋阳饭庄品尝猫耳朵面食之后，作诗赞曰："驼峰熊掌岂堪夸，猫耳拨鱼实且华"。猫耳朵确因其小巧玲珑，入口滑利而久盛不衰。

1）猫耳朵的原料

猫耳朵的原料除用莜麦粉外，也可与小麦粉、荞麦粉和豆粉等复配。莜麦粉、小麦粉与马铃薯全粉或马铃薯泥按照一定比例复配，制作马铃薯莜麦猫耳朵是近年来民间流行的吃法。

2）猫耳朵的手工制作方法（图 3-19）

图 3-19　马铃薯莜麦猫耳朵及制作方法

（1）和面：马铃薯莜麦复配粉加入热水和面，或直接用热的鲜马铃薯泥与莜麦粉和面。然后揉光面团，用湿毛巾保湿醒面 30 min。

（2）搓捻：面团擀成 1 cm 厚的片，切成 1 cm 宽的条状，再切成 1 cm 长的颗粒状，搓圆，撒上面粉防止面粒粘连在一起。在案板或细竹帘上撒上面粉，一粒一粒地取来面粒，用大拇指的指肚压住向前推捻，成形如猫耳朵状；也可以用手将面团先搓成食指粗的条状，用手指掐成指甲盖大小的小块，放在一只手的掌心用另一只手的大拇指搓捻成猫耳朵状。

（3）煮面：入开水里煮熟，捞出沥水，根据个人口味加入卤汤或浇头即可食用。

马铃薯莜麦饸饹的制作技术与马铃薯荞麦饸饹（2.7 节）基本相同，这里不再赘述。

第4章 东北地区马铃薯特色主食加工技术与装备

东北地区的马铃薯主食主要有马铃薯磨糊蒸包、烹马铃薯片、马铃薯大馅饺子、马铃薯丝煎饼、马铃薯糯米饼和马铃薯黏豆包等地方特色及节日属性的产品。

4.1 马铃薯磨糊蒸包

马铃薯磨糊蒸包是黑龙江各地民间的马铃薯小吃,由于制作时要将马铃薯先磨成糊状而得名。

4.1.1 原辅料及配方

主料:鲜马铃薯 500 g,酸菜 200 g,猪肉 100 g。
辅料:葱花 20 g,姜末 20 g,植物油 30 g,十三香 2 g。

4.1.2 工艺流程

1. 马铃薯磨糊蒸包的工艺流程(图 4-1)

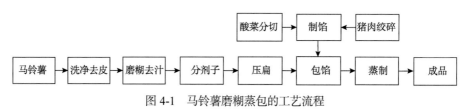

图 4-1 马铃薯磨糊蒸包的工艺流程

2. 马铃薯磨糊蒸包手工制作操作要点

(1)将马铃薯洗净、去皮,用家庭用擦具磨成糊状(或先将马铃薯切成小块,利用粉碎机打碎),再用多层纱布将其中的汁液挤干,制成生薯泥。制备生薯泥的过程要迅速,洗净去皮后的马铃薯要放入 5% 的白醋水中浸泡,磨糊时再从水中取出,防止马铃薯的褐变。

(2)将酸菜在水中浸泡 5 min,捞出后沥干水分,除去酸菜较浓的酸味,将酸菜切碎。

（3）将猪肉去皮切碎末，同酸菜混匀，加入调味料和植物油，拌匀。

（4）取制好的生薯泥 60 g，压成片状，加入酸菜肉馅 30 g，慢慢团成圆球状。

（5）将包好的磨糊包摆放在蒸笼上，旺火蒸 15 min，取出装盘即可食用（图 4-2）。

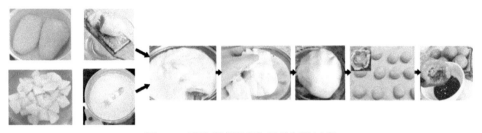

图 4-2　马铃薯磨糊蒸包及其制作过程

利用彩色马铃薯制作的马铃薯磨糊蒸包，产品的花青素含量高，更增加了产品的花色品种（图 4-3）。

图 4-3　彩色马铃薯磨糊蒸包

4.2　烹马铃薯片

4.2.1　烹马铃薯片的特点

烹马铃薯片在黑龙江省克山县一带广为流行，是一种兼主食和休闲食品功能的特色马铃薯食品，它的消费形式和口感类似西式的薯片，但从外形上比西式薯片更具有趣味性和观赏性，是独具东北特色的马铃薯主食，其最大的特点是中间鼓起，像一个个的金元宝。由于它适合家庭、食堂和餐馆现烹现食，颜色金黄，口感酥脆，有望成为一种流行于全国的特色马铃薯主食，市场潜力无限。

4.2.2　原辅料

烹马铃薯片产品对马铃薯原料的要求是还原糖含量低，干物质含量要适中。干物质含量太低或太高时，马铃薯片均难以成型。马铃薯薯形选择直径 6～6.5 cm 的圆形薯，黄色薯肉、芽眼浅的品种，如‘尤金’‘东农 303’等。此外，还需要植物油、孜然粉、白胡椒粉和食盐等。

4.2.3　加工制作工艺技术及装备

1. 烹马铃薯片加工工艺流程（图 4-4）

图 4-4　烹马铃薯片加工工艺流程

2. 烹马铃薯片制作技术与装备

1）手工烹饪方法要点

（1）马铃薯选料：选择干物质含量适中的鲜马铃薯原料。

（2）分切：将马铃薯片横切为 3～4 mm 厚的椭圆形片，薄厚要均匀。

（3）腌制：分切片清洗、沥水后，加入 1% 的食盐将马铃薯片腌制 30～60 min。

（4）油炸：烹马铃薯片要以中间鼓起为炸好的标志，油炸过程中的油温、油炸时间等均对产品成型影响较大。由于同时下锅油炸的马铃薯片鼓起不是同步的，因此需要油炸 2～3 次。初次油炸起始温度 180℃，放入马铃薯片 1 min 后关火，捞出使其表面硬化。4～5 min 后观察是否崩皮（或有少数已鼓起或表面有小气泡出现）。二次油炸起始温度 180℃，油炸 2 min（此时要用笊篱来回翻动马铃薯片，以保证受热均匀），此时约有三分之一以上的薯片中间鼓起，捞出鼓起的马铃薯片；必要时进行第三次油炸，起始温度 200℃，继续炸 1～2 min（如果马铃薯片浮出油液表面，此时要用笊篱将马铃薯片按入油内进行炸制）。

分次捞出所有鼓起的马铃薯片，撒上孜然粉、白胡椒粉等趁热食用（图 4-5）。

图 4-5　烹马铃薯片

2）工业化加工技术与装备

手工制作的烹马铃薯片只适合在家庭或餐馆享用。通过工业化的批量加工方式，产品经充氮包装为盒装或袋装，在常温下可储藏半年或更长时间。

（1）清洗：利用自动清洗机对马铃薯进行清洗和消毒处理。未清洗的马铃薯从一端进入清洗机，洗好后通过传送带从另一端送出。清洗槽内的水中通入气流，以便将马铃薯表面的泥土冲洗干净。清洗后的水通过活性炭过滤后循环利用，可节约80%的清洗用水，且减缓污水处理压力。清洗能力根据生产量的需求选择相应机型。

（2）去皮：中小批量的马铃薯去皮主要有两种方式，一种是毛刷辊动式，一种是离心研磨式。毛刷辊动式去皮机设置多条毛刷辊横向平行排列，毛刷辊之间的空隙很小，变速式刷辊驱动器可优化毛刷辊转动性能，用于温和式去除马铃薯皮，也能强力去除瑕疵部位。上方有水向下喷淋，刷下的皮渣随水排出，去皮的马铃薯也被水冲洗干净。

离心研磨式去皮机外形如同立式洗衣机，立筒内壁为砂粒状结构。在立筒高速旋转的过程中，由于离心作用马铃薯在砂粒壁上滚动而将皮磨去，磨下的皮渣随水排出。具体去皮过程：开机前，将马铃薯倒入立筒内，打开进水开关向料筒内冲水，将筒盖固定；启动开关，2~3 min后关闭电源，去皮的马铃薯在拨料盘旋转作用下，从筒的下方出口自动排出。

（3）切片：切片机要选择可自动定向、片形整齐、厚薄均匀、表面光洁度好，使用和维护方便的机型。适合烹马铃薯片的切片机可选择旋转刀盘式，它由转子轴、转子、蜗壳、切刀、进料装置、出料罩、调整装置和传动装置等组成，并安装在同一机架上。马铃薯通过进料装置向前推进，被旋转中的刀片切削成片。

（4）油炸：双室真空油炸机是目前比较节能、安全实用的油炸设备。双室真空油炸机采用上下两个罐，脱油时确保绝对无回油，使产品的含油、含水率更低。油炸、脱油、脱水、油过滤一体化设计，在真空下连续性完成，产品处于负压状态，在这种相对无氧的条件下进行油炸加工，可以减轻或避免氧化作用（如脂肪酸败、酶促褐变和其他氧化变质等）所带来的危害。同时，在负压状态下以油作为传热媒介，马铃薯片内部的水分（自由水和部分结合水）会急剧蒸发而喷出，使组织形成疏松多孔的结构。油炸机全程可实现自动控制油温，无过热、无过压，确保产品质量和安全生产。真空油炸马铃薯片的含油率为10%~20%，节油30%~40%。马铃薯片脆而不腻，储存性能良好。

（5）称重与包装：烹马铃薯片油炸后形状不规则，给称重和包装带来难度。多头组合秤应用于不规则形状物料的快速定量称重和包装，它是由多个独立的进料出料结构的称量单元所组成（图4-6）。首先，自动称重模块把压力传感器称重单元的弹性变形转变为重量值存储到寄存器，CPU 利用排列组合原理将称重单元的重量值进行自动优选组合计算，得出最佳、最接近目标重量值的重量组合，然后自动装入袋中进行包装。由于烹马铃薯片薄脆怕压，加之油炸容易被氧化，因此需要进行充氮包装（图 4-6）。

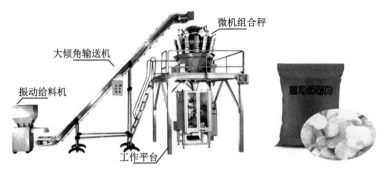

图 4-6　多头秤包装机及烹马铃薯片包装产品

4.3　马铃薯丝煎饼

　　马铃薯丝煎饼为一种营养丰富、味美适口且食用方便的主食产品，在东北很受消费者的喜欢。马铃薯丝煎饼是将新鲜马铃薯清洗、去皮、切丝后与马铃薯全粉及少量小麦粉按比例混合好后，经调味、煎制而成的马铃薯方便主食，基本上保持了新鲜马铃薯所含的营养成分。利用马铃薯作为煎饼的主要原料既提高了马铃薯的综合利用率，也提高了传统煎饼的营养价值。

　　马铃薯丝煎饼既使用鲜薯，也同时使用马铃薯全粉。马铃薯全粉是以新鲜的马铃薯为原料，经过清洗、去皮、切分、蒸煮、破碎、护色和干燥等工序加工而成。马铃薯全粉作为一种优质的食品原料，含水量低，保存时间长，并且保持了新鲜马铃薯的营养和风味。与马铃薯淀粉相比，马铃薯全粉是新鲜马铃薯的脱水制品，保留了除薯皮以外的所有干物质。马铃薯全粉在加工过程中尽量维持马铃薯细胞颗粒的完整性，因此复水后的马铃薯全粉具有新鲜马铃薯蒸熟后的美味口感，同时除马铃薯淀粉外，保留了其中的矿物质 Ca、K、Fe 及维生素 B_1、维生素 B_2、维生素 C 等营养成分。

4.3.1　马铃薯丝煎饼的原辅料及配方

　　主料：鲜马铃薯 400 g，马铃薯全粉 100 g，鸡蛋 50 g，小麦粉可适量使用。
　　辅料：葱末 20 g，植物油 30 g，食盐 6 g。

4.3.2　马铃薯丝煎饼的制作技术与装备

1. 马铃薯丝煎饼的手工制作方法

1）工艺流程

马铃薯丝煎饼的手工制作工艺如图 4-7 所示。

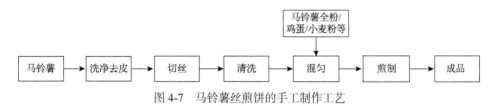

图 4-7　马铃薯丝煎饼的手工制作工艺

2）手工制作要点

（1）将挑选好的马铃薯洗净、去皮，切成均匀的丝状，立即放入清水中防止褐变。

（2）将绿葱清洗干净后，切成葱末备用。

（3）将马铃薯丝水分沥干后，按照配方将马铃薯丝、马铃薯全粉、小麦粉、葱末及食盐等混合均匀，必要时加入适量的水调成稠糊状。

（4）在预热好的电饼铛表面刷适量的植物油，待油热后将适量饼糊放入锅底，摊成厚 5 mm 左右的圆饼状，两面煎成金黄色即可（图 4-8）。

图 4-8　马铃薯丝煎饼手工制作过程

2. 马铃薯丝煎饼工业化加工技术与装备

手工制作的马铃薯丝煎饼只适合在家庭、食堂或餐馆现做现食。马铃薯丝煎饼作为方便预制主食，特别是方便预制早餐，可通过工业生产线加工成为速冻产品，食用时再简单煎制、微波加热或水浴加热即可。其加工工艺流程如图 4-9 所示。

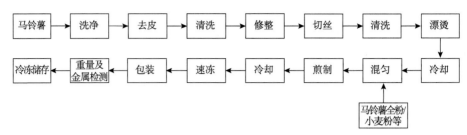

图 4-9　马铃薯丝煎饼工业化加工工艺流程

（1）鲜薯选料：适合工业化加工马铃薯丝煎饼的马铃薯原料应是薯肉色浅，白色或淡黄色；外形为长椭圆形，芽眼少而浅；同时，应严格除去发芽、冻伤、发绿及病变腐烂的原薯。

（2）清洗：马铃薯经连续式清洗机清洗，除去黏结于表面的泥土得到表皮干净的马铃薯。

（3）去皮：马铃薯的批量去皮方式有蒸汽去皮和毛刷去皮。蒸汽去皮机是将清洗过的马铃薯定量分批提升送入蒸汽去皮机罐体，在中压蒸汽中经过闪蒸，然后排出罐外。此时，闪蒸后的薯皮快速膨胀脱离薯肉，呈脱落或粘连状态。再经螺旋输送机送入毛刷去皮机，在若干个旋转的毛刷作用下，薯皮被彻底去除。蒸汽去皮机是批量式去皮，效率高，但是投资大，尚需要蒸汽配套设施。毛刷去皮机可连续式去皮，效率较低，但投资小。根据生产线的加工量大小和投资能力加以选择。

去皮的马铃薯经水流喷淋清洗后，缓慢转移到移动的挑拣台上，接受人工检查和修整，剔除芽眼、发绿、发黑及病变腐烂的部分和残留的薯皮。随着马铃薯储藏时间的推移、延长，去皮难度也相应增加，应根据实际情况及时调整蒸汽去皮工序的工艺参数。

（4）切丝与清洗：修整后的马铃薯经切丝机切成丝状。为不影响后道工序的成型效果，马铃薯切丝需再经清水喷淋冲洗，去净附着在表面的淀粉。

（5）漂烫：马铃薯丝经连续式漂烫机进行迅速漂烫，漂烫的目的不仅是破坏马铃薯中的过氧化氢酶和过氧化物酶，防止薯丝的褐变，而且有利于淀粉的预凝胶化。

（6）冷却：漂烫后的马铃薯丝经连续化冷水清洗机冷却，可适当增加马铃薯细胞壁的弹性和硬度，并进一步除去游离淀粉，以降低马铃薯丝的表面黏度。

（7）混匀：冷却后的马铃薯丝从冷水清洗机出口处直接落入连续式旋转搅拌机，与马铃薯全粉、小麦粉及葱末和食盐等按比例均匀混合。

（8）煎制：混合好的物料从搅拌机出口排出，送入到旋转式煎制机，定量注入圆饼状或方形等不同形状的成型模具中煎制。根据市场需求选择成型模具的大小，或先煎成大饼再分切。煎制机自动化设定加油量、煎制温度和翻面时间等参数，煎至两面呈金黄色（图 4-10）。

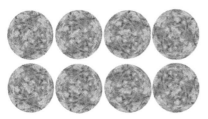

图 4-10　马铃薯丝煎饼

（9）冷却：煎制后的马铃薯丝煎饼在线输送到装置中，与冷空气充分接触，迅速冷却。

（10）速冻：进入隧道式单冻机在-35℃条件下进行速冻。

（11）包装：将马铃薯丝煎饼进行整型，根据市场需求，采用单个包装或多饼包装。

（12）重量及金属检测：检测包装产品重量是否在合格范围内及包装产品内有无金属异物。

（13）储存：装箱后，放入-18℃的冷库中储存。

4.4　马铃薯饺子

饺子，又名"娇耳"、"扁食"，是我国的传统面食，距今已有1800多年的历史，深受老百姓的喜爱，特别在我国北方大部分地区是每年立冬、春节必吃的年节食品与家常食品的典型代表。在东北有句民谚："舒服不如倒着，好吃不如饺子。"足见东北人对饺子的独钟。东北人喜欢吃皮薄馅多的饺子，因此东北饺子又戴上"东北大馅饺子"的桂冠。饺子因其熟制方式的不同分为水饺、煎饺、蒸饺和炸饺等。马铃薯饺子的问世，无疑给东北大馅饺子增添了一道靓丽风景线。

4.4.1　马铃薯饺子的原辅料

1. 饺子皮原料

马铃薯全粉 25%～30%（或马铃薯泥）、高筋小麦粉 70%～75%。市场上现在也有马铃薯饺子皮的专用复配粉，可直接购买使用。

2. 饺子馅料

猪肉、牛肉、虾仁、酸菜和韭菜等，以及葱、姜、料酒、酱油、蚝油、食盐、鸡精和食用油等。

4.4.2　马铃薯饺子的加工制作技术与装备

1. 马铃薯饺子的手工制作要点

无论是饺子馅，还是饺子皮，家庭或餐馆一般都可以手工制作，但是马铃薯饺子皮的制作存在黏度大、难成型等问题，特别是如果利用鲜马铃薯泥和面，黏度更大。马铃薯饺子皮的制作要点如下。

（1）原料：普通饺子皮一般用中筋小麦粉，但是由于马铃薯成分中缺乏面筋蛋白，马铃薯饺子皮应选择高筋小麦粉与马铃薯全粉或马铃薯泥复配使用。如果使用中筋小麦粉，则可另外添加3%～5%的谷朊粉（小麦蛋白粉）。

（2）和面：马铃薯全粉的含水量较小麦粉低，由马铃薯全粉复配的饺子专用粉和面时，加水量要适当增加。加水要少量多次，将水分和复配粉充分搅拌均匀，避免出现大的面块，先拌成小颗粒的面絮。

（3）一次面絮醒面：将面絮密封在容器内或装入塑料袋内，在保湿状态、室温条件下醒面40 min，冬天也需要放置在温暖的地方醒面。

（4）一次揉面：醒好的面絮已经松软连块，用力反复揉成光滑面团，做到手光、盆光和面光。

（5）二次面团醒面：同样在保湿状态、室温条件下醒面40 min以上。

（6）二次揉面：醒好的面团已经很松软，将团面再次揉匀，分成若干剂子并揉成长椭圆形，放置在带盖盆内或加盖湿毛巾备用。

（7）擀皮：按照普通擀饺子皮的方法擀皮即可。

马铃薯饺子的馅料根据喜好可随意选择，如猪肉酸菜、猪肉韭菜、猪肉萝卜、牛肉萝卜、虾仁和素三鲜（冬笋、香菇、鸡蛋）等。马铃薯饺子除了做成水饺，还有锅贴、蒸饺、煎饺和汤饺等，满足不同人群的口味需求，是马铃薯主食的典范。

2. 马铃薯速冻饺子工业化加工技术与装备

除夕夜一家人围在一起包饺子固然是中国人过团圆年的象征，但是包饺子要剁肉做馅、和面制皮等程序十分繁杂，费工费时，给平时或工作繁忙时想吃饺子的人带来烦恼。近年来，随着冷链物流的日趋完善，速冻饺子行业得到迅猛发展。据调查，目前速冻饺子生产量约占冷冻调理食品的三分之一，是速冻食品中产量最大的一类，除满足国内饺子消费的市场需求外，产品远销日、美、欧等国家和地区，逐渐打入国际市场。马铃薯饺子的规模化生产也需要工业化的加工手段。

1）马铃薯饺子工业化加工工艺流程（图 4-11）

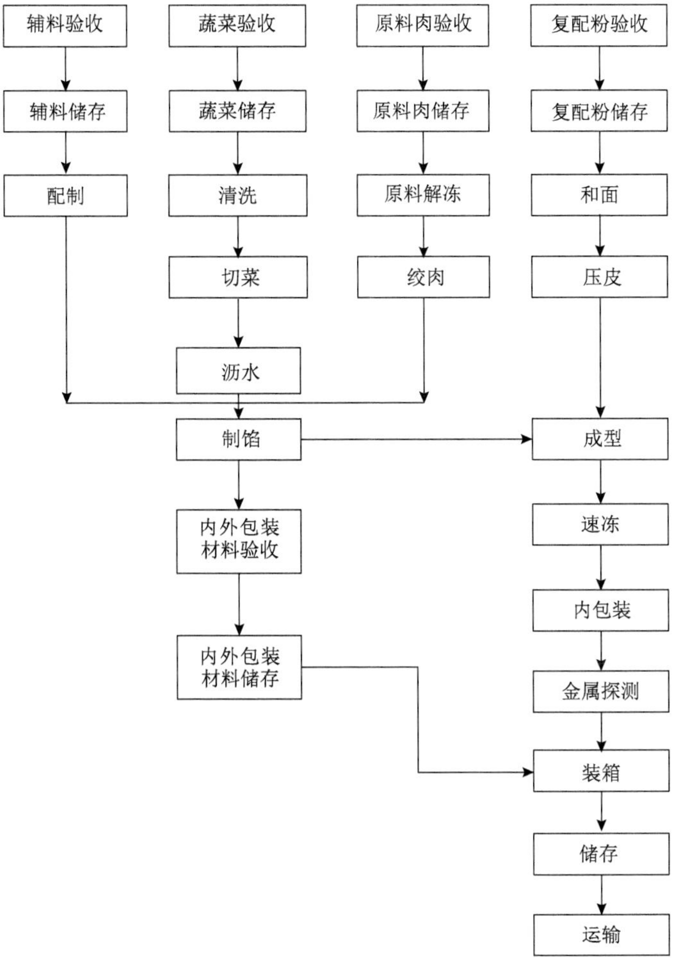

```
辅料验收        蔬菜验收        原料肉验收      复配粉验收
   ↓              ↓              ↓              ↓
辅料储存        蔬菜储存        原料肉储存      复配粉储存
   ↓              ↓              ↓              ↓
  配制           清洗           原料解冻          和面
                  ↓              ↓              ↓
                 切菜           绞肉            压皮
                  ↓
                 沥水
                  ↓
                 制馅 ──────────────────────→ 成型
                  ↓                            ↓
              内外包装                         速冻
              材料验收                          ↓
                  ↓                          内包装
              内外包装                          ↓
              材料储存 ──────────────────→   金属探测
                                              ↓
                                             装箱
                                              ↓
                                             储存
                                              ↓
                                             运输
```

图 4-11　马铃薯速冻饺子工艺流程

2）马铃薯饺子工业化加工产品的品质指标

（1）理化指标。

含水量≤65%，脂肪含量≤18%，蛋白质含量≥2.5%，砷含量≤0.5 mg/kg，铅含量≤0.4 mg/kg，酸价≤3，过氧化值≤0.2，挥发性盐基氮≤10 mg/100 g，食品添加剂按照《食品安全国家标准　食品添加剂使用标准》（GB 2760—2014）规定执行。

（2）微生物指标。

菌落总数小于 3×10^6 CFU/g，致病菌不得检出。

（3）包装与储存。

内包装：复合冷冻食品的塑料袋包装。

外包装：纸箱包装。

保质期：在–18℃温度条件下保质期为 12 个月。

标签说明：符合中华人民共和国国家质量监督检验检疫总局令（第 102 号）的规定。

特殊要求：运输工具要具备冷冻能力。

3）马铃薯速冻饺子原辅料验收与储存

马铃薯饺子的原辅料种类很多，把控好原辅料的质量十分重要。

（1）马铃薯复配粉验收与储存：由品管部、采购部按照供应商选择评价程序选择合格供应商，并提供营业执照、卫生许可证和食品生产许可证等证件，对每批包装、出厂检验报告、感官和重量进行检查，合格后方可入库。如果购买小麦粉和马铃薯全粉，要进行同样程序的验收，合格后方可入库。

马铃薯复配粉（或小麦粉、马铃薯全粉），按其储存要求储存，仓库要阴凉、通风、干燥和洁净，有防虫、防鼠和防鸟设施，并挂牌标识，不与农药、化肥等非食品储存于同一场所，严格按先进先出的原则使用，严禁储存变质或过期的原料。

（2）原料肉验收与储存：原料来自食品生产许可认证的加工厂，经过 HACCP、ISO 9000 体系认证的屠宰加工生产的合格去骨原料肉，原料到达后对产品温度、出厂检验报告、感官和重量进行检查，合格后方可入库。对于进口原料肉，供应商必须有食品进口中国出入境检验检疫局（CIQ）备案。

原料肉冷冻库温度低于–18℃、冷藏库温度为 0～4℃，均符合库卫生要求，存放整齐，标识清楚，以保证先进先出的原则。

（3）辅料验收与储存：指定辅料合格供应商，须按生产要求进行采购。对于未指定的供应商，由采购部、品管部和研发部门共同确认供应商的供货资格。辅料的验收按照辅料验收规程进行，对正常使用的辅料，每批需供应商提供合格出厂检验单。如果辅料为新品种或新厂家的第一批料时，由供应商提供相关的官方检测报告和企业相关证件，并由检测中心取样送第三方检测。辅料经品质检验和微生物检测合格后方可入专库。

经验收合格后的辅料，按其储存要求分类储存，仓库要阴凉、通风、洁净，有温湿度要求，有防虫、防鼠和防鸟设施，并挂牌标识，不与农药、化肥等非食品储存于同一场所，严格按先进先出的原则使用，严禁储存变质或过期的辅料。

（4）蔬菜验收与储存：蔬菜供应商对每批蔬菜需要提供农药残留检测证明，并经感官检验合格后方可入库。

蔬菜在蔬菜专用库储存，温度控制在 0～4℃（茄科的蔬菜，如西红柿、茄子、青椒等储存温度为 8～10℃），离地≥10cm，离墙≥30cm，有防虫、防鼠和防蝇设施，按先进先出的原则使用。

（5）食品添加剂等配料验收与储存：配制人员根据配方要求的食品添加剂等配料品种、数量，有计划进货并按照要求进行验收和储存。使用时，按照配料程序进行配料，配料中使用的食品添加剂应符合相关标准要求。

（6）内外包材验收与储存：由采购部、品管部按照供应商选择评价程序确定合格供应商，并提供相应的营业执照、生产许可证、卫生许可证、产品合格证及内外包材阻隔性等品质第三方检测证明等证件。验收时，每批按饺子内外包装材料要求标准进行检查，合格后方可入库。

内外包装材料分别入专用仓库储存，其中内包材属于清洁区域，内设紫外线灯消毒设施。包材仓库应通风、干燥、阴凉、洁净，有防虫、防鼠、防蝇和防鸟设施，离地≥10 cm，离墙≥30 cm，码放整齐。箱上注明品名、生产日期、批次号和保质期，封箱要严密，并按先进先出进行发放。

4）马铃薯饺子工业化加工技术要点与主要装备

（1）制皮。

a）和面：按比例要求称量马铃薯复配粉（或小麦粉与马铃薯全粉等）、水和食盐（需溶解）等，置入真空和面机内进行搅拌，形成吸水均匀的小颗粒面絮。和面机多采用配置两台电机的机型，搅拌杆的搅拌速度在一定范围内可调，扭矩大，噪声低。

b）一次面絮醒面：将面絮传送到恒温恒湿的面絮醒面箱内，在温度 28℃、相对湿度 80%的条件下醒面 40～60 min。

c）一次强力压面：将醒好的面絮传送到强力轧面机，反复折叠轧成 3～5cm 厚的面带。

d）二次面带醒面：将面带传送到连续化恒温恒湿机内，在温度 28℃、相对湿度 80%条件下醒面 40～60 min。

e）二次面片压面：将醒好的面带在连续延压机上压成 1～2 mm 厚的薄面片。采用饺子自动成型方式时，面片的宽度调整为与饺子成型机的要求相一致。

f）切皮：将面片分切成饺子皮，全自动饺子皮成型机往往与切皮是一体或联用的（图 4-12）。

（2）制馅。

a）蔬菜处理：取韭菜或白菜、白萝卜、洋葱、芹菜、大葱和生姜等蔬菜食用部分，利用蔬菜清洗线清洗干净并沥水；利用切菜机将蔬菜切成符合标准大小的末；切好的蔬菜放在有孔塑料筐或网中沥水 15 min，其中韭菜等易受机械损伤的蔬菜通过振动筛沥水。

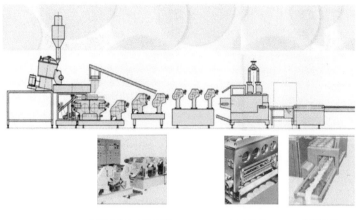

面带/面皮延压单元　　　切皮单元　　　传送单元

图 4-12　饺子皮机

　　b）原料肉处理：冷鲜原料肉直接使用，冷冻原料肉需放置在定期清洗消毒的解冻架上提前解冻：夏季自然解冻 10～16 h，冬季自然解冻 24～48 h（或用风机强制解冻），中心温度达到-6～0℃，或至少从表面解冻厚度≥1 cm；将原料肉去皮、去厚的筋膜，修整后放入绞肉机内绞制成符合制作饺子馅标准的肉馅。

　　c）拌馅：将蔬菜末与肉馅及调味料等依据配方要求称量、混合，搅拌均匀。暂时存放时间≤30 min，温度≤20℃。

　　（3）成型：马铃薯速冻饺子多利用饺子自动成型机成型。饺子自动成型机有多种机型，其中旋转式双排饺子成型机[图 4-13（a）]设有多个工位，将馅料放入饺子自动成型机的馅料斗，饺子皮由供皮传送单元送入包馅工位，馅料斗定量下馅，自动包馅成型后送出；仿生饺子成型机[图 4-13（b）]则直接具有切皮功能，采用双控双向同步定量供料原理，馅量和面皮的厚薄随时可调，生产出的饺子皮薄馅满，

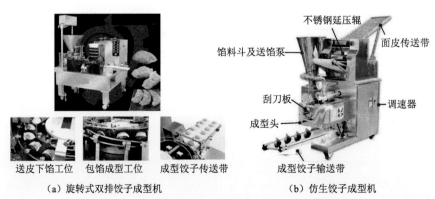

送皮下馅工位　包馅成型工位　成型饺子传送带
（a）旋转式双排饺子成型机

不锈钢延压辊
面皮传送带
馅料斗及送馅泵
刮刀板
调速器
成型头
成型饺子输送带
（b）仿生饺子成型机

图 4-13　旋转式双排饺子成型机和仿生饺子成型机

生产速度快，省工省时，饺子口感好。切饺子皮及成型部件采用特种防黏结技术材料，阻力小、成型好，耐磨耐压，拆装、清洗方便，经久耐用。

（4）速冻：马铃薯饺子成型后，进入隧道式单冻机在–35℃下进行速冻。根据不同产品调节单冻机传送带的速度，保证在 30 min 内产品的中心温度低于–18℃。

（5）内包装：使用符合食品级和饺子阻隔性能要求的内包装材料，将线上检验合格后的冻结饺子产品进行分装，批量生产的可用自动多头秤包装机包装，袋上产品信息标识齐全、清晰。内包装后，使用重量及金属检测仪检测包装是否符合规定重量和有无金属异物。

（6）外包装：根据外包装重量要求装箱和密封。

（7）储存：入≤–18℃的冷库中保存，产品要分品种码垛、标识清楚，垛与墙之间距离不少于 30 cm，产品出库时要轻搬轻放，同样要遵循先进先出的原则。

（8）运输：运输须用制冷能力强、密闭、清洁的冷藏车，运输途中车厢内温度≤–18℃。

5）马铃薯饺子生产中存在的问题及解决办法

（1）马铃薯速冻饺子的原料及加工工艺：水饺的质量由外观和口感决定，饺子皮的开裂、失水、褐变和微生物超标等成为影响质量的主要问题。

马铃薯饺子皮专用粉的品质直接关系到速冻饺子的品质。速冻食品企业常使用的复配粉的面团形成时间和稳定时间较短、弱化度较高，致使饺子皮的筋道程度及口感较差。很多学者在改进生产工艺和使用添加剂以改善速冻饺子的冻裂率、色泽褐变和耐煮性等方面进行了大量研究。速冻温度、风速等工艺条件对饺子的品质也有明显影响，要提高速冻饺子的品质就要选择合适的加工工艺。添加变性淀粉或面团品质改良剂可以改变速冻饺子的转变温度，减缓饺子皮内部质地的变化，提高产品在保存过程中的品质。

（2）储藏和运输条件：速冻马铃薯饺子的储运温度对其品质影响很大。特别是在运输过程中，温度的波动会造成水分的重结晶。出现温度波动时，在速冻过程中形成的细小冰晶逐渐长大，破坏了饺子皮和馅的内部结构，从而导致饺子的质地和口感变差。玻璃态转变理论可以很好地解释速冻饺子在储运过程中品质的变化，并且利用玻璃化转变温度与水分活度的关系，预计速冻饺子的储存期及储藏条件，以提高速冻饺子的品质。

4.5　马铃薯黏豆包

4.5.1　传统黏豆包的特点

黏豆包，又称黏饽饽、黄豆包和豆包等，它是东北地方特色的传统包点类食品。

有报道记载黏豆包起源于满族,是满族人在寒冷的天气里长时间进行户外活动,如狩猎、砍柴等时常吃的食物。由于黏豆包热量高、耐消化,饱饱地吃上一顿,干起活来会格外有劲。如今,黏豆包已经成为我国北方许多地区春节前后餐桌上不可缺少的美食,一般在冬季制作,然后放入户外容器内储存食用。

1. 传统黏豆包的制作方法

传统方法制作黏豆包的主要原料为糯黄米、红小豆或白芸豆,米做皮,豆做馅。糯黄米又称“软黄米”,是由糯性糜子(黍)去糠皮加工而成,颗粒比小米稍大,如同糯米一样含支链淀粉的比例较高,熟制或糊化后黏糯性强。糯黄米中含有人体必需的八种氨基酸,其含量几乎是大米和小麦的 2 倍;含有丰富的不饱和脂肪酸、维生素 E 和膳食纤维,其中膳食纤维为大米的 4 倍。近年来糯玉米(黄色)品种越来越多,且价格较糯黄米便宜,因其同样具有黏糯性而被用来替代糯黄米制作黏豆包。

制作黏豆包时,先将糯黄米洗净,用冷水浸泡约 12 h,然后捞出晾至半干,磨成粉待用。家庭制作时,将糯黄米粉用冷水和面,放在温和的炕头,盖上大棉被保温发酵。待发出微酸清香味,用手揉成面团,再擀成如同饺子皮样的薄皮,包馅。馅料的原料主要是红小豆或白芸豆。将红小豆或白芸豆用凉水浸泡 12 h 后,煮熟(不可破皮),捣成豆沙,放入白砂糖,攥成核桃大小的馅团备用。将制好的黄糯米皮包上小馅团,放入蒸锅内蒸 20 min 左右即可出锅。

2. 传统黏豆包的食用方法

黏豆包的食用方法很多,热食时,可蘸白糖食用,吃其香甜黏;也可蒸熟后再压成小饼状用油煎着吃,品其香酥脆;过去,小孩子在冬季还愿直接啃冻豆包,锻炼其咀嚼能力;再复杂一点,也可滚上炒熟的黄豆粉,叫“驴打滚儿”,吃其糊豆味。

4.5.2　马铃薯黏豆包的原辅料

1. 马铃薯黏豆包的主要原料

马铃薯黏豆包的主要原料是马铃薯、糯黄米或糯玉米等。同样,马铃薯、糯黄米或糯玉米原料用来制皮,红小豆或白芸豆原料用来制馅。如 3.1 节所述,营养丰富的马铃薯也具有优良糯性,与糯黄米或糯玉米混合制皮,糯性增强,营养互补,丰富了传统黏豆包的品类。由于传统黏豆包的色泽以黄色为上品,选择马铃薯品种时除要求干物质含量高、粉质薯肉外,以黄色薯肉品种为佳。由于马铃薯薯肉熟化后捣制成薯泥后其黏性更强,与普通的糯黄米粉或普通糯玉米粉混合也可制得有糯性的黏豆包皮。

2. 马铃薯黏豆包辅料

马铃薯黏豆包辅料包括红小豆或白芸豆、白糖等。

红小豆又称赤豆、小豆、红豆，为豆科豇豆属赤豆的椭圆或长椭圆形种子，色泽为淡红、鲜红或深红。红小豆具有丰富的淀粉、膳食纤维、蛋白质，以及 Fe、Ca、P、K 等多种矿质元素。此外，红小豆中还含有黄酮、皂苷、植物甾醇和天然色素等生物活性物质。也可以用白芸豆代替红小豆制馅，制馅时需要加入白糖等辅料。

白糖是以甘蔗、甜菜为原料（一步法）或以原糖为原料（二步法），通过榨汁、过滤、除杂、澄清、真空浓缩结晶、脱蜜、洗糖、干燥后制得。在马铃薯黏豆包馅中添加一定比例的白糖，提高其甜度，以调节黏豆包的口味。

4.5.3 马铃薯黏豆包的工业化加工工艺流程

马铃薯黏豆包工业化加工工艺相对复杂，包括马铃薯泥的初加工及与糯黄米或糯玉米粉混合制皮、红小豆或白芸豆制馅及黏豆包的包馅成型等。马铃薯黏豆包的工业化加工工艺流程如图 4-14 所示。

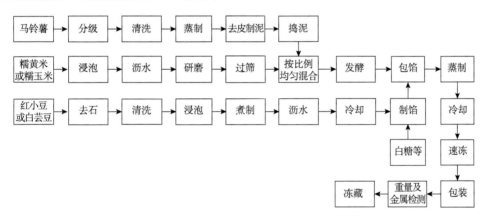

图 4-14 马铃薯黏豆包的工业化加工工艺流程

4.5.4 马铃薯黏豆包的加工技术与装备

1. 马铃薯泥的加工技术与装备

马铃薯黏豆包最好使用新鲜的马铃薯泥。马铃薯制泥时，如果先去皮极易发生酶促和氧化褐变。采用马铃薯泥初加工新技术，仅在蒸制前对鲜薯进行清洗，带皮状态下利用连续过热蒸汽设备进行蒸制，蒸熟后经传送带趁热送入一体化马铃薯去皮制泥机[图 4-15（a）]将薯皮与薯肉分离。一体化马铃薯去皮制泥机包括传动系统、张紧系统和控制系统等，实现整个蒸熟马铃薯薯皮和薯肉的快速分离，分离出的熟薯肉呈粗丝状[图 4-15（b）]，可直接用于制作马铃薯泥。

蒸制马铃薯入口

马铃薯皮出口

马铃薯泥出口

(a)　　　　　　　　　　　　　(b)

图 4-15　一体化马铃薯去皮制泥机（a）及分离出的熟薯肉（b）

　　由于去皮时马铃薯已经带皮蒸制熟化，即使在不使用任何护色剂的条件下，薯肉也不会发生氧化或酶促褐变。该技术的特点是制得的马铃薯薯肉颜色清亮，具有新鲜的马铃薯风味；薯肉的淀粉颗粒保存完好，淀粉不溶出，品质稳定；薯皮分离干净彻底，薯肉出品率高，薯皮便于回收；仅在蒸制前对鲜薯进行清洗，营养成分不流失，节水环保；可实现连续化生产，效率高。为了便于控制马铃薯蒸制的温度和时间，最好利用马铃薯分级机将马铃薯按大小进行分级，然后分批次进行加工制泥。

　　分离熟化的马铃薯薯肉配以乳化剂、增稠剂，经捣制调配得到类似泥状的物料。马铃薯泥的含水量控制在 70% 左右。如果制成的马铃薯泥不立即使用，可进行大包装或置入砖状等模具速冻后冷冻储存，使用前解冻即可。

　　如果不具备鲜薯制泥的条件，可购买马铃薯熟全粉，加入热水搅拌即制成马铃薯泥。

2. 糯黄米粉及红小豆馅的制作技术

　　本章着重介绍马铃薯黏豆包的加工技术，糯黄米制粉及红小豆制馅加工技术可参考其他相关书籍，这里不再赘述。

3. 马铃薯黏豆包手工制作技术要点

（1）和面：按马铃薯泥 30～60、糯黄米粉（或糯玉米粉）40～70 的质量分数比例备料。先将高活性干酵母（原料总质量的 0.9%～1.0%）与马铃薯泥混合均匀，再加入糯黄米粉（或糯玉米粉），搅拌和面。当马铃薯泥的占比偏低时，要补充适量的水和面。

（2）发酵：将面团置入恒温恒湿的发酵箱内进行发酵，温度为 32～35℃，相对湿度为 80%～85%，发酵 40～60 min。

（3）包馅：取发酵面团 20～25 g，制成黏豆包面皮，取豆包馅捏成团状[豆包面皮与豆包馅的质量比为（2.0～2.5）：1]，包入豆包面皮中，攥成圆团。

（4）蒸制：采用蒸锅蒸制，温度为 90～100℃，时间为 8～12 min。

蒸后趁热即食或冷后食用，或煎制食用（图 4-16）。

图 4-16　马铃薯黏豆包的包馅、蒸制及煎制

4. 马铃薯黏豆包工业化生产工艺技术与装备

随着市场经济的发展，南北饮食文化的交融，东北特产黏豆包也被越来越多的南北方人所喜爱。但其制作方法若限于手工制作，费时费力，难以满足市场需求，因此马铃薯黏豆包的工业化加工技术应运而生。

（1）和面：按马铃薯泥 30～60、糯黄米粉（或糯玉米粉）40～70 的质量分数比例备料。先将高活性干酵母（原料总质量 0.9%～1%）与马铃薯泥置入和面机混合，再加入糯黄米粉（或糯玉米粉）充分搅拌混合均匀。若马铃薯泥比例偏少时，加入适量水和成软硬适宜的团状。

（2）发酵：将和好的面团置入恒温恒湿的醒发装置中进行发酵，温度保持在 32～35℃，相对湿度保持在 80%～85%，发酵 40～60 min。

（3）包制成型：黏豆包包馅成型机将马铃薯黏豆包包皮面团通过双绞龙装置挤

出包皮面料形成一个圆筒形结构,黏豆包馅料通过另外一个绞龙装置传送到圆筒形面料中间,形成一个圆柱状,马铃薯黏豆包包皮面料包裹在馅料的外侧。包皮面料和馅料的双绞龙输送装置均采用数字变频调控,可任意调节皮、馅的比例及单个黏豆包的质量。在向前运送的过程中通过成型机刀模切断后,再通过滚圆装置揉成球形的黏豆包。使用黏豆包包馅成型机得到的产品外形美观、大小均匀、表面光亮、口感柔滑,生产能力可达 4000 个/h。

（4）蒸制:先将蒸屉中铺好不沾屉布,将成型的马铃薯黏豆包整齐地摆放在连续蒸制机的蒸屉中,在 95~100℃条件下蒸制 8~12 min。

（5）速冻、包装及储藏:蒸熟的马铃薯黏豆包迅速冷却后,在–45~–35℃的条件下速冻 30 min,经真空或充氮包装,在–20~–18℃冷库中冻藏（图 4-17）。

图 4-17　马铃薯黏豆包的蒸制、速冻及冻藏

第5章 西南等南方地区马铃薯特色主食加工技术与装备

我国西南地区海拔高，气候凉，是马铃薯二季作和混作栽培方式的主要区域。此外，南方的其他地区也适合冬作马铃薯的栽培。马铃薯在西南地区普遍称为"洋芋"。除整个洋芋原味的主食产品（如单独用洋芋制作的洋芋泥、烧洋芋等）外，以大米为主食的饮食习惯造就了洋芋特色产品多与大米为伴，主要有洋芋米线、洋芋饭、洋芋糍粑，以及既可配饭又可配菜的洋芋干半成品等。

5.1 整薯原味类

5.1.1 开花洋芋（蒸洋芋）

1. 产品概述

开花洋芋是西南山区农家常见的洋芋食谱之一，原汁原味，薯香浓郁。典型的有云南省东川区的"老家洋芋"品种，因蒸煮后肉色金黄、外沙里糯、质地酥松，自然开裂，表面形成一层淀粉结晶，形似清晨沾着露水的花瓣，故得名"开花洋芋"，并由此举办"开花洋芋节"，传播西南地区洋芋饮食文化。

2. 原辅料及配方

主料："老家洋芋"农家品种的新鲜洋芋。
辅料：椒盐、香辣酱、折耳根。

3. 手工制作工艺流程

开花洋芋手工制作工艺流程如图 5-1 所示。

图 5-1 开花洋芋手工制作工艺流程

4. 操作要点

选择当地淀粉含量高、沙面、糯性的"老家洋芋"品种。将新鲜洋芋洗净，上锅，大火蒸至表皮开裂，宛如开花状（图5-2）。直接趁热食用，或配椒盐、香辣酱和凉拌折耳根等调味。

图 5-2　开花洋芋

5.1.2　锡纸洋芋

1. 产品概述

锡纸洋芋是云贵川渝交界的乌蒙山区典型的洋芋食谱之一，原味洋芋，薯香浓郁，配上地方特色香辣酱——昭通酱，特色十足，地方风味明显。

2. 原辅料及配方

主料：新鲜洋芋、锡箔纸（非食材）。
辅料：调色蔬菜（水果）丁、昭通酱。

3. 手工制作工艺流程

锡纸洋芋手工制作工艺流程如图5-3所示。

图 5-3　锡纸洋芋手工制作工艺流程

4. 操作要点

选择质量为 60 g 左右的新鲜小洋芋，洗净，用锡箔纸包严实。放入烤箱烤熟透。切成四半，中间放入 1 块深色（红、紫、绿）蔬菜丁或水果丁点缀，配昭通酱食用（图 5-4）。

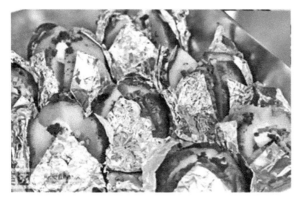

图 5-4　锡纸洋芋

5.1.3　炭火烤洋芋（烧洋芋）

1. 产品概述

炭火烤洋芋是西南地区洋芋典型食谱之一，作为主食或零食食用，配上地方特色调味酱，城乡皆喜，老少皆宜。

2. 原辅料及配方

主料：新鲜洋芋。
辅料：椒盐、辣椒粉、胡椒粉、辣椒酱、豆豉、腐乳等。

3. 手工制作工艺流程

炭火烤洋芋手工制作工艺流程如图 5-5 所示。

图 5-5　炭火烤洋芋手工制作工艺流程

4. 操作要点

选择新鲜洋芋，洗净，置炭火烧烤架中，小火慢烤至过心或熟透，撕（刮）除表皮。根据喜好配椒盐、辣椒粉、调味酱等佐料食用（图 5-6）。

图 5-6　炭火烤洋芋

5.1.4　迷你烤洋芋串

南方地区洋芋一般个头较小，迷你烤洋芋串是南方各地的特色洋芋小吃。可配麻、辣、香、甜、酸调味品，原味薯香，风味百变。

1. 原辅料及配方

主料：新鲜小洋芋（30～50 g/个）。
辅料：麻、辣、香、甜和酸味等调味品。

2. 手工制作工艺流程

迷你烤洋芋串手工制作工艺流程如图 5-7 所示。

图 5-7　迷你烤洋芋串手工制作工艺流程

3. 手工操作要点

选择新鲜小洋芋，洗净，蒸至七成熟后去皮，用竹签串起（类似糖葫芦串）。将小洋芋串小火烤，或放入食用油中炸至金黄色。根据地方风味或个人口味，撒上椒盐、辣椒粉，或浇上糖醋汁、番茄酱等即可[图 5-8（a）]。迷你烤洋芋串也可以做成常温保存的包装产品[图 5-8（b）]。

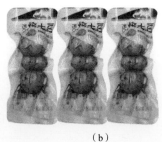

（a）　　　　　　　　　　　　　　　　（b）

图 5-8　迷你烤洋芋串

5.2 洋芋泥类

西南地区食用洋芋泥的历史悠久，烹饪方式多样，如炒、烤、蒸、煎、炸等，产品种类也颇为丰富。

5.2.1 老奶洋芋

1. 产品概述

老奶洋芋是当地最为常见的洋芋特色食谱之一，其口感绵软、糯香，无需费力咀嚼即可食用，寓意无牙老奶奶亦可食用的洋芋，故得此名。老奶洋芋制作简单，食用方便，老少皆宜，特别在云南全省广为流行。

2. 原辅料及配方

主料：新鲜洋芋。
辅料：食用油、食盐、辣椒粉、酸菜、香葱、香菜、茴香等。

3. 手工制作工艺流程

老奶洋芋的手工制作工艺流程如图 5-9 所示。

图 5-9 老奶洋芋的手工制作工艺流程

4. 操作要点

将新鲜洋芋蒸（煮）熟后趁热去皮，捣成泥状。锅内放适量食用油，烧至七成热，将洋芋泥放入热炒，加入辣椒粉和食盐翻炒均匀。根据口味喜好，出锅前放入少量剁碎的香葱、香菜、茴香或酸菜拌匀，配色调味，趁热食用（图 5-10）。

图 5-10 老奶洋芋

5.2.2 烧包洋芋泥

1. 产品概述

烧包洋芋泥是傣族的民族特色美食之一，口感绵软、糯香，带芭蕉叶清香味。

2. 原辅料及配方

主料：新鲜洋芋。
辅料：食用油、食盐、新鲜小红椒、香菜、蒜末及芭蕉叶（非食材）。

3. 手工制作工艺流程

烧包洋芋泥手工制作工艺流程如图 5-11 所示。

图 5-11　烧包洋芋泥手工制作工艺流程

4. 操作要点

将新鲜洋芋蒸（煮）熟后，趁热去皮，捣成泥与块相间状态。将洋芋块泥、食用油、食盐、蒜末一起拌匀，用洗净的芭蕉叶包好，用草捆扎，置烧烤架铁板上小火翻烤 20 min，打开即可食用。再将剁碎的新鲜小红椒、香菜撒在刚烤制的薯泥上，色味俱佳，蕉叶飘香，风味独特（图 5-12）

图 5-12　烧包洋芋泥

5.2.3 荷叶洋芋泥

1. 产品概述

荷叶洋芋泥是云南洋芋泥特色美食之一，口感绵软、糯香，带荷叶清香味。

2. 原辅料及配方

主料：新鲜洋芋。

辅料：食用油、食盐、新鲜小红椒、香菜以及荷叶（非食材）。

3. 手工制作工艺流程

荷叶洋芋泥手工制作工艺流程如图 5-13 所示。

图 5-13　荷叶洋芋泥手工制作工艺流程

4. 操作要点

将新鲜洋芋蒸（煮）熟后，趁热去皮，捣成泥与块相间状态。将洋芋块泥、食用油、食盐一起拌匀，用洗净的荷叶包好，用草或线捆扎，笼蒸 30 min 即可（图 5-14）。剁碎的新鲜小红椒、香菜撒在薯泥上，烤制的薯泥色味俱佳，荷叶飘香，风味独特。

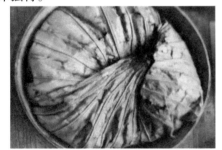

图 5-14　荷叶洋芋泥

5.2.4　松仁洋芋泥饼

1. 产品概述

松仁洋芋泥饼是我国南方洋芋泥特色美食之一，色泽金黄，口感香脆而绵软。

2. 原辅料及配方

主料：新鲜洋芋、松仁、鸡蛋。
辅料：食用油、食盐、白糖、葱末。

3. 手工制作工艺流程

松仁洋芋泥饼的手工制作工艺流程如图 5-15 所示。

洋芋 → 洗净 → 蒸制 → 去皮 → 捣泥 → 调味 → 制饼 → 煎制

图 5-15　松仁洋芋泥饼手工制作工艺流程

4. 操作要点

将新鲜洋芋蒸（煮）熟后，趁热去皮，捣制成均匀泥状。加入鸡蛋液、食盐、白糖拌匀，制成饼状，再将松仁均匀撒在饼的表面，压实。锅内放适量食用油，放入洋芋泥饼，用小火煎至亮明金黄出锅，均匀撒上葱末即可（图 5-16）。

图 5-16　松仁洋芋泥饼

5.2.5　纸包洋芋泥

1. 产品概述

纸包洋芋泥是南方洋芋泥特色美食之一，色泽乳黄，外脆内绵，薯乳香浓郁。

2. 原辅料及配方

主料：新鲜洋芋、糯米纸。
辅料：食用油、白糖、熟花生米、鸡蛋、炼乳、面包糠、淀粉、食盐。

3. 手工制作工艺流程

纸包洋芋泥手工制作工艺流程如图 5-17 所示。

图 5-17　纸包洋芋泥手工制作工艺流程

4. 操作要点

将新鲜洋芋蒸（煮）熟后，趁热去皮，捣制成均匀泥状；熟花生米去皮压碎。将洋芋泥、花生碎、白糖、炼乳、食盐放入锅中，旺火翻炒、拌匀，出锅冷却。用糯米纸将炒好的洋芋泥包成春卷大小的条形。鸡蛋液加水与淀粉调匀，将包好的洋芋泥条沾蛋液后，裹上面包糠，放入五成热的食用油中，旺火炸至金黄色即可（图 5-18）。

图 5-18　纸包洋芋泥

5.3　洋芋米制主食类

洋芋和大米制成的各类主食是西南地区、广西以及湖北与湖南部分地域的洋芋主食特色产品。这类特色主食的起源可能是在粮食短缺年代，人们为了节约大米，将洋芋代替部分大米做成如洋芋饭、米线、糍粑等，在人们的饮食生活中形成习惯甚至嗜好，即使在丰衣足食的今天，这类洋芋米制主食仍然是当地人不可或缺的主食产品。

5.3.1　洋芋焖饭

1. 产品概述

洋芋焖饭，是西南地区一道家常主食，制作原料主要为大米和洋芋，米薯清香交融。但原料不限于此，也可以加上其他蔬菜和肉类，与新疆羊肉抓饭相类似。当今，在餐馆、企事业或学校食堂，洋芋焖饭也相当普遍。

2. 原辅料及配方

主料：新鲜洋芋、大米。
辅料：新鲜豌豆、胡萝卜丁、腊肠或腊肉、植物油、食盐。

3. 手工制作工艺流程

洋芋焖饭手工制作工艺流程如图 5-19 所示。

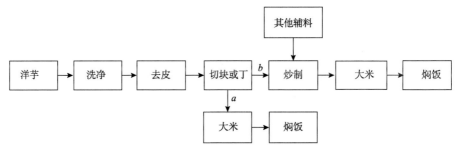

图 5-19　洋芋焖饭手工制作工艺流程

4. 操作要点

将新鲜洋芋洗净、去皮、切块，与大米混合，加适量清水，小火焖锅巴饭[图5-20（a）]；或胡萝卜洗净、去皮、切丁，腊肠（腊肉）切片，与洋芋丁一同入锅，用食用油炒 2 min，然后放入泡好的大米及其他配料，加适量清水小火焖熟，或用电饭煲焖煮[图5-20（b）]。

（a）　　　　　　　　　　　　（b）

图 5-20　洋芋焖饭

5.3.2　洋芋炒饭

1. 产品概述

洋芋炒饭是西南地区的地方特色洋芋主食之一，色、香、味俱全，味美诱人。

2. 原辅料及配方

主料：新鲜洋芋、米饭。
辅料：胡萝卜、绿豌豆、甜玉米粒、香葱、植物油、食盐等。

3. 手工制作工艺流程

洋芋炒饭手工制作工艺流程如图 5-21 所示。

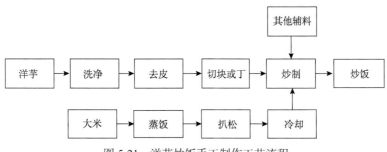

图 5-21　洋芋炒饭手工制作工艺流程

4. 操作要点

新鲜洋芋洗净、去皮、切丁、清水漂洗沥干，胡萝卜切丁，用植物油翻炒 3 min，放入绿豌豆、甜玉米粒、扒松的冷却米饭，翻炒均匀，出锅前加入食盐和香葱末，拌匀即可（图 5-22）。

图 5-22　洋芋炒饭

5.3.3 洋芋鲜米线（卷粉）

1. 产品概述

新鲜米线是南方最普遍的主食食品，各地名称不同，产品形态各异，如云南将线状的称为米线，条状的称为卷粉，也是当地最受欢迎的主食。洋芋鲜米线（卷粉）以洋芋和大米为原料加工而成，产品略偏黄、营养均衡且膳食纤维含量高，可与各地饮食习惯结合，是营养健康的米粉类主食产品。

2. 原辅料及配方

主料：新鲜洋芋、籼米。
辅料：食用油、食盐、蔬菜、调味品等。

3. 手工制作工艺流程

洋芋鲜米线（卷粉）手工制作工艺流程如图 5-23 所示。

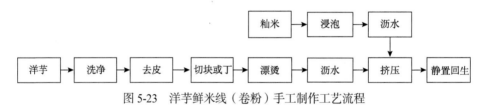

图 5-23 洋芋鲜米线（卷粉）手工制作工艺流程

4. 操作要点

选择干物质含量较高的新鲜洋芋，洗净、切丁、沸水漂烫断生、沥干水分，与浸泡过的籼米混合，利用米粉挤压机挤压成型、静置回生，即得洋芋鲜米线（卷粉）（图 5-24）。米线和卷粉的成型取决于挤压头的模具不同。

图 5-24 洋芋鲜米线

洋芋鲜米线（卷粉）食用前先在沸水中煮一下捞出，配以高汤、蔬菜、调味品等食用。

5.3.4 洋芋糍粑

1. 产品概述

糍粑，南方各民族米制小吃，在云南、贵州、重庆、四川、广东、广西、福建、江西、湖南和湖北等省区市都广泛流行，其中以广西壮族自治区梧州市的制作方法最为特别。在安徽省南部各县市，每逢重阳节，洋芋糍粑作为节日食品招待宾客。洋芋糍粑是以糯米和洋芋为主料，传统的制作方法是先将糯米浸泡后入蒸笼蒸熟，洋芋蒸熟、去皮，然后将二者迅速放入石臼里用石锤捣至绵软柔韧，趁热制作成方便食用的团状。

2. 原辅料及配方

主料：新鲜洋芋、糯米。
辅料：黄豆、芝麻、白糖等。

3. 手工制作工艺流程

洋芋糍粑手工制作工艺流程如图 5-25 所示。

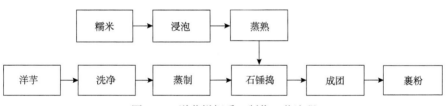

图 5-25　洋芋糍粑手工制作工艺流程

4. 操作要点

新鲜洋芋洗净、蒸制去皮；糯米浸泡后入蒸笼蒸熟，将二者按比例迅速放入石臼里用石锤捣至绵软柔韧的泥状，趁热制作成方便食用的团状。在炒香的芝麻磨粉（或炒黄豆的磨粉）与白糖混合的盘里滚动裹粉，即可食用（图 5-26）。

图 5-26　洋芋糍粑制作工艺过程

5.3.5　洋芋饵块

1. 产品概述

饵块为西南特有，在云南及周边地区过年必吃，是地方名特小吃和常见的传统食品之一。平时或炒或煮或烧无不宜，边陲百姓热衷于"饵食"，已数千年历史。在川渝滇黔桂地区，饵块有多种别称，如饵块粑、粑粑等。洋芋饵块以新鲜洋芋与大米加工而成，产品略偏黄、营养均衡且膳食纤维含量高，为营养健康的地方特色米制主食产品。

2. 原辅料及配方

主料：新鲜洋芋、大米。
辅料：食用油、食盐、蔬菜、调味品等。

3. 洋芋饵块的加工制作技术与装备

1）手工制作工艺及要点
（1）手工制作工艺：洋芋饵块的手工制作工艺流程如图5-27所示。

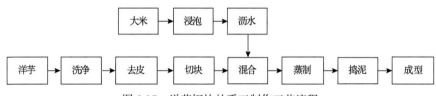

图5-27　洋芋饵块的手工制作工艺流程

（2）手工制作要点：选择淀粉含量较高的新鲜洋芋，洗净切丁，过沸水断生，沥干水分；与浸泡过的大米混合、蒸熟、冲捣，揉制成柱状、饼状和块状等各种形状。亦可在模具中加上喜、寿、福等字样，鱼、喜鹊和燕子等图案，压制成直径约10 cm、厚1～2 cm的小圆块，作为婚庆和节日的吉祥食品。

饵块亦粮亦菜，可与各种主食和菜肴食用。食用前可切成块、丝、片等，经烧、煮、炒、卤、蒸、炸均可，风味各异，久食不厌（图5-28）。

图5-28　洋芋饵块

2）工业化加工工艺技术与装备

洋芋饵块的加工技术与年糕相类似，通过挤压技术可实现批量化生产。

（1）工业化加工工艺流程：洋芋饵块的工业化加工工艺流程如图 5-29 所示。

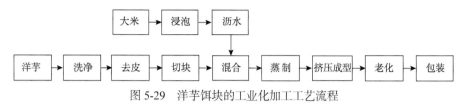

图 5-29　洋芋饵块的工业化加工工艺流程

（2）工业化加工技术与装备。

a）洋芋初加工：洋芋的筛选、清洗、去皮、分切处理参照图 5-33 和图 5-34，分切后的洋芋块快速放入护色液进行护色处理。

b）挤压：利用全自动连续式挤压生产线将大米清洗、浸泡，与洋芋块按比例混合后蒸制和挤压成型[图 5-30（a）]。成型方式取决于挤压机的模头设计。

c）冷却：挤压后置入冷水中冷却。

d）分切和老化：沥水后根据要求进行分切，静置老化[图 5-30（b）]。

e）包装：真空包装。

f）杀菌：产品若要在常温条件下保存，则需要进行高温杀菌[图 5-30（c）]。

（a）洋芋饵块挤压生产线　　　（b）静置老化　　　（c）洋芋饵块常温产品

图 5-30　洋芋饵块的工业化加工过程

5.4　干　品　类

5.4.1　产品概述

洋芋干是我国西南地区及湖南、湖北部分地区农家制作的一种洋芋半成品，有干制整薯（小洋芋）、干块及干片等，其色泽从浅黄到金黄，可长期存储。由于这些地区的马铃薯收获后正值高温季节，鲜薯难于保存，农家习惯将其制作成干品，食用时复水即可。小洋芋或洋芋干块可用于制作洋芋米饭、洋芋干炒腊肉、炖大鹅、炖小鸡和炖排骨等，味道可口、韧性十足。洋芋干片适合制作油炸薯片。

5.4.2　洋芋干的加工制作技术与装备

1. 手工制作方法

（1）制作工艺：洋芋干的手工制作工艺流程如图 5-31 所示。

图 5-31　洋芋干的手工制作工艺

（2）制作要点：将洗干净的去皮洋芋，必要时分切成块或片，放入开水中漂烫一下，捞出迅速冷却，沥干水分，利用日光将其晒干（图 5-32）。

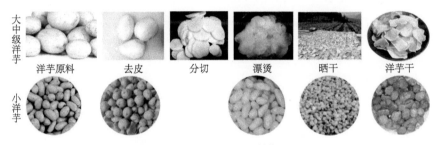

图 5-32　洋芋干的手工制作过程

2. 工业化加工技术与装备

洋芋干的手工制作效率低，容易变色，晒干受天气影响，品质安全无保障。工业化加工技术可以解决这些弊端。

（1）分级与筛选：鲜洋芋按照品种进行分类，按照大小进行分级。洋芋自动分级机（图 5-33）可依据洋芋块茎的直径大小分为 3～4 个等级，20～50 g 的小洋芋

图 5-33　洋芋自动分级机

适合做整个洋芋干，51～150 g 的中等大小的适合做干块，151 g 以上的大洋芋适合做干片。分级的同时挑去有伤或病斑、虫眼、发芽和变绿的洋芋。

（2）清洗：分级后的洋芋通过提升机送入连续洋芋清洗机将表面泥土清洗干净。

（3）去皮与再清洗：清洗干净的洋芋利用螺旋式连续去皮清洗机去皮和进行去皮后的再清洗。

（4）护色：迅速置入缓冲水箱中进行护色处理，防止氧化变色。

（5）分切：除小洋芋外，根据需要切成 30 g 左右的块状或 3 mm 厚的薄片。

（6）清洗：利用螺旋式连续漂洗机对分切的块或片进行清洗，洗去表面淀粉。

（7）漂烫：将整个的小洋芋或洋芋块放入 85℃的热水中漂烫 3～5 min（洋芋片的漂烫时间适当缩短），进行灭酶处理。

（8）冷却：漂烫后，迅速入冷水中冷却。

（9）沥水：漂烫后进入带有吹风机的传送带，进行沥水处理。

（10）烘干：沥水后直接送入热风烘干机进行烘干。

上述过程可完全实现连续化、自动化的加工（图 5-34）。

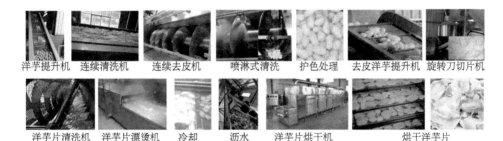

洋芋提升机　连续清洗机　连续去皮机　喷淋式清洗　护色处理　去皮洋芋提升机　旋转刀切片机

洋芋片清洗机　洋芋片漂烫机　冷却　沥水　洋芋片烘干机　烘干洋芋片

图 5-34　洋芋干工业化加工工艺流程（以洋芋片为例）

洋芋干片是西南地区典型的洋芋制品和地方特色半成品之一，可油炸后食用，口味调制灵活，口感香脆，薯香浓郁。洋芋干片亦食亦菜，可作为下酒必备品、外出干粮和零食等，深受当地群众喜欢。

第6章 其他马铃薯特色主食加工技术与装备

除地方特色的马铃薯主食外，马铃薯油条、马铃薯肉类主餐及马铃薯月饼、马铃薯饼干等是不受地域限制的马铃薯特色主食、主餐及休闲食品，深受我国南北各地大众消费者的青睐。

6.1 马铃薯油条

油条是我国一种古老的面食，长条形中空的油炸食品，口感松脆有韧劲，人们习惯作为传统的早点食用。油条的叫法各地不一，山西称之为"麻叶"；东北和华北很多地区称之为"馃子"；安徽一些地区则称之为"油果子"；两广地区称之为"油炸鬼"或"油炸果"；浙江地区称之为"天罗筋"。尽管叫法不一，但使用的原料和制作方法基本相同。传统的油条主要以小麦粉为原料，通过与膨松剂、食盐和水混合成型后，油炸制作而成。近年来，由于马铃薯作为"第四大主粮"渗透到各类中式传统主食中，马铃薯油条也被端上了普通老百姓的餐桌。

1. 产品概述

马铃薯最适合制作油炸类的食品，如薯条、薯片就是全球销量最大的两类西式油炸马铃薯食品。马铃薯油条是国家实施马铃薯主食化战略以来，在中式油炸类食品中的一大创新。马铃薯油条所用的马铃薯原料有全粉、冷冻马铃薯泥或鲜马铃薯泥，既可手工现做，也可工业化加工成预制的冷冻食品。因其香气扑鼻、表皮酥而有韧性，内里软糯可口，是中式早餐的佐餐佳品。

2. 原辅料及配方

主料：小麦粉、马铃薯全粉或冷冻马铃薯泥或鲜马铃薯泥。
辅料：鸡蛋、泡打粉、干酵母、食盐。

3. 马铃薯油条加工制作技术与装备

1）马铃薯油条的手工制作方法
（1）马铃薯油条的手工制作工艺流程：如图6-1所示。

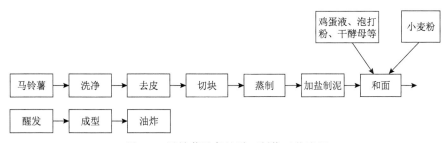

图 6-1　马铃薯油条的手工制作工艺流程

（2）马铃薯油条的手工制作要点：马铃薯洗净，去皮切块，上锅蒸 15 min；蒸熟的马铃薯趁热加食盐捣压成泥，加入鸡蛋液、泡打粉、干酵母，搅拌均匀；少量多次加入小麦粉，和成面团；放置在温暖处发酵至两倍大；发酵好的面团取出排气，再揉成一个面团，表面抹上油，入盆盖上保鲜膜放到冰箱冷藏室过夜；早上将面团取出回暖 10 min，手上抹油，将面团排气分成剂子，擀开切成条；锅中加入食用油，烧至六成热时，每两条叠在一起入锅油炸，用筷子不停地翻动，炸成金黄色捞出控油即可（图 6-2）。该方法适合家庭或早餐店制作。

图 6-2　马铃薯油条手工制作过程

2）马铃薯油条的工业化加工技术与装备

在大中城市，早餐油条的社会化供应已经十分普遍。家庭或快餐店的预制早餐油条的需求，推动了油条的工业化加工技术与装备的研发进程。预制马铃薯油条的工业化加工产品有两种：一种是冷冻的油条生坯，购买后直接油炸；另一种是初炸的冷冻油条，解冻后复炸或加热后食用。

（1）马铃薯油条的工业化加工工艺流程：如图 6-3 所示。

（2）马铃薯油条的工业化加工技术要点与装备。

油条加工工艺烦琐，工业化加工技术难度较大。目前自动化油条机有多种形式，基本模仿手工制作工艺，但自动化程度有所差异。

a）原料：对于马铃薯的原料，如果利用马铃薯全粉相对简单，但成本较高；

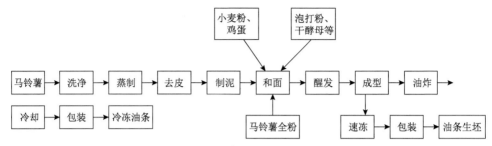

图 6-3　马铃薯油条的工业化加工工艺流程

利用新鲜马铃薯加工成薯泥作原料，成本可以大大降低，但是薯泥加工程序比较复杂。关于马铃薯泥的批量化初加工技术前面已有叙述（参照 4.5.4 节），这里不再赘述。

b）和面与醒发：马铃薯缺乏面筋，除加入适量鸡蛋液外，面团要软，面团发酵时间要长，且需要在恒温恒湿的条件下醒发。

c）压面：面团采用折叠方式压制成面带，保证面筋网络的完整形成。

d）成型：压成面带后，设备自动完成涂油、切条、叠条和切断，制成生坯。

对于冷冻的生坯产品来说，将生坯速冻，然后包装，即为冷冻的马铃薯油条生坯，在–18℃条件下储运（图 6-4）。

图 6-4　冷冻马铃薯油条生坯的速冻过程

e）油炸：生坯经过短时间静置缓化后，放入连续化油炸机初次油炸（图 6-5）。

图 6-5　预制马铃薯冷冻油条的成型及油炸过程

f）冷却：沥油，并迅速冷却。

g）包装：根据要求采用袋装或盒装。

h）速冻：在–35℃条件下速冻。

i）冷冻：在–18℃条件下储运。

6.2　马铃薯月饼

6.2.1　马铃薯月饼的特点

　　月饼，又称为月团、团圆饼等，是我国中秋佳节的传统食品，在我国有着悠久的历史。月饼最早出现在南宋吴自牧的《梦粱录》中，那时的月饼还只是像菱花饼一样的饼形食品。后来人们用月饼作为拜祭月神的供品，并逐渐将中秋赏月与品尝月饼结合在一起，寓意家人团圆。多少年来，中华民族中秋佳节吃月饼的习俗代代相传，月饼早已超越其本身的意义，变成中华民族宝贵传统饮食文化的一个代表，促进着中华民族的团结与和谐。进入现代社会，月饼在质量、品种上都有了全新的发展，原料、制作方法、形状及风味等不同，使月饼的种类更为丰富多彩，形成了京式、苏式、广式、滇式和宁式等各具特色的品种。月饼不仅是别具风味的节日食品，而且成为四季常备的精美糕点，颇受人们的欢迎。充分利用马铃薯营养丰富、加工适应性强等优点，加工制作马铃薯月饼，既拓展了马铃薯主食的新途径，又丰富了月饼的新品种。

6.2.2　马铃薯月饼的手工制作方法

1. 马铃薯冰皮月饼

　　马铃薯冰皮月饼作为一种新型月饼，其饼皮以马铃薯全粉或马铃薯泥、糯米粉、黏米粉、澄粉为主料，白糖、牛奶、奶粉、食用油等为辅料，先制作成面糊，再放入锅中隔水蒸制，熟后成为糕状，出锅冷却后揉成表面光滑的面团，包入馅料，再经压模、成型后放入冰箱中冷藏即可。由于其外观呈半透明的白色，因此被称为"冰皮月饼"。因其别具一格的外形、独特新颖的口感、营养健康的原料搭配以及绿色安全的加工工艺，成为月饼家族中的新成员。

　　1）饼皮主料

　　（1）马铃薯全粉或马铃薯泥：马铃薯全粉或马铃薯泥是马铃薯冰皮月饼的主要原料，其品质的优劣直接影响马铃薯月饼的品质。马铃薯全粉以颗粒全粉为宜，马铃薯泥最好利用新鲜马铃薯制作，二者均应选择粉质、干物质含量高的马铃薯品种，如'大西洋''夏波蒂''新大坪'等。

（2）糯米粉：糯米粉是冰皮月饼生产的另一主要原料。糯米粉是由糯米经过除砂、清洗、浸泡、粉碎、过筛、烘干和包装等工艺加工而成。由于糯米粉具有弱凝沉性和良好的冻融稳定性，有利于在冻融循环中保持冷冻食品中的水分，相较于其他稻类米粉，更适用于冷冻食品的制作。

糯米粉的品质直接影响其产品的品质，用于制作月饼的糯米粉对粉质粒度的要求较高。当糯米粉的颗粒较粗时，成形性虽好，但口感粗糙，色泽泛灰，光泽暗淡，糯米的清香味也较淡；当糯米粉的颗粒过细时，色泽乳白，光亮透明，有浓厚的糯米清香味，但成型性不好，易粘牙，韧性差。通常情况下，糯米粉的颗粒粒度应基本达到100目筛通过率大于90%，或150目筛通过率大于80%。同时，糯米粉粉质粒度也直接影响其糊化度，从而影响到黏度及产品的复水性。粉质细则糊化度高，黏度大，复水性好，反映在品质上表现为细腻、黏弹性好。

（3）黏米粉：黏米粉是用籼米磨成的粉，故又称籼米粉。它是大米中糯性最低的品种，有着糯米粉不可代替的作用。选购黏米粉时要注意从颜色上加以判断，纯正的黏米粉不是雪白色的，而是略带有灰白色。

（4）澄粉：澄粉又称为澄面，是一种不含面筋蛋白的小麦淀粉。小麦粉经水漂洗后，将其中的蛋白质及其他物质分离出来，剩下的部分经过烘干、研磨得到的就是澄粉。

2）馅料的配方及手工制作方法

馅料的原料可根据消费者的喜好加以选择，这里介绍两种馅料的制作方法。

（1）紫薯馅：按表6-1中配方分别称取各类食材，将紫薯清洗去皮切成小块，放入蒸锅内蒸15 min左右，捣成泥后压抹过筛去除粗纤维备用；冬瓜去皮清洗干净，切成丝后再剁成丁状，纱布包裹挤压去除部分水分；将冬瓜丁、白砂糖、冰糖倒入锅中，开中火炒至糖熔化，倒入紫薯泥炒均匀，放入植物油、食盐，继续炒30 min左右，用手按下去不粘手。冷却后，攥成馅团即可。

表6-1 冰皮月饼紫薯馅料的食材配方

原料名称	质量/g
紫薯泥	400
冬瓜	250
白砂糖	100
冰糖	50
植物油	60
食盐	5

（2）豆沙馅：红小豆清洗干净后浸泡 3～4 h 或过夜，换清水慢火煮至软烂。取出冷却后倒入搅拌机将红豆打碎，倒入锅内并添加 30% 的白砂糖，小火不断翻炒，直至红豆沙煸干，取出冷却后攥成馅团即可。

3）饼皮配方及手工制作方法

马铃薯冰皮月饼的饼皮配方见表 6-2。

表 6-2　冰皮月饼饼皮的食材配方

原料名称	质量/g
糯米粉	300
黏米粉	180
澄粉	240
马铃薯全粉	180
白砂糖	90
纯牛奶	1320
玉米油	60

饼皮及成型的手工制作分为如下步骤：

（1）制糊：按照表 6-2 中配方分别称取马铃薯全粉、糯米粉、黏米粉、澄粉，混匀；加入纯牛奶搅拌均匀，继续加入白砂糖、玉米油，用搅拌器搅拌成糊状，静置半小时。如果用马铃薯泥代替马铃薯全粉，则纯牛奶的数量相应减少。

（2）蒸制：将混合均匀的糊状原料置入蒸锅内，边蒸边搅拌，当糊的中心温度达到 40℃后取出，继续搅拌并盖保鲜膜，放回锅中继续蒸制 20 min 左右。

（3）成团：取出冷却，用手反复揉搓至面团光洁柔软，分成小团，压薄包馅（图6-6、图 6-7）。

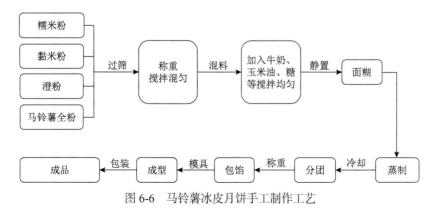

图 6-6　马铃薯冰皮月饼手工制作工艺

图 6-7　马铃薯冰皮月饼

2. 马铃薯苏式月饼

苏式月饼是酥皮月饼的一种，外皮松酥，入口酥化，油而不腻，是南方月饼的代表性品种。

1）饼皮原辅料

（1）马铃薯全粉或马铃薯泥：马铃薯全粉或马铃薯泥的原料与冰皮月饼使用的相同。

（2）低筋小麦粉：酥皮月饼要求小麦粉筋力不能过高，采用低筋小麦粉，蛋白质含量低于 8.5%。

（3）油脂：油脂可使用猪油，或猪油与植物油混合。猪油是一种饱和高级脂肪酸甘油酯，常温下为白色或浅黄色固体。其与一般植物油相比，有不可替代的特殊香味，适量使用可以增进人们的食欲。

2）饼皮配方

马铃薯酥皮月饼饼皮的制作原料如表 6-3 所示。

表 6-3　酥皮月饼饼皮的食材配方

原料	质量/g
低筋小麦粉	420
马铃薯全粉	180
猪油或植物油	180
白砂糖	180
水	90

3）手工制作工艺流程（图 6-8）

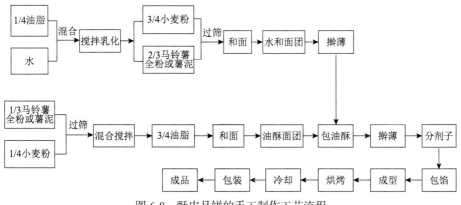

图 6-8 酥皮月饼的手工制作工艺流程

4）手工制作操作要点

（1）水皮面团的制作：先将油脂总量的 1/4 与温水混合，进行充分搅拌（约 10 min）成乳化状，然后加入小麦粉总量的 3/4、马铃薯全粉或薯泥总量的 2/3 与白砂糖混合搅拌和面，揉成光滑、软硬适宜的柔软面团，保湿备用。

（2）油酥面团的制作：将其余的 1/4 小麦粉、1/3 的马铃薯全粉或马铃薯泥与其余 3/4 的油脂充分混合揉搓均匀，形成与水皮面团软硬一致的面团即可。

（3）酥皮面团的制作：将水皮面团擀成圆形片状，油酥面团置于其中心，用水皮面团包裹油酥面团，包实捏紧，再擀成圆形薄片，将薄片卷成长条状，后用刀切割成定量的面块，即成酥皮面团。

（4）酥皮的制作：将酥皮面团擀成长方形，折成三折，再擀开，再折三折，擀薄后自上而下卷起。

（5）擀皮：每 30 g 切分的一个剂子，擀成圆薄片。

（6）包馅成型：将事先分别称量并经过搓圆的月饼馅包入皮中，将酥皮封口处捏紧，压成扁圆形饼坯。酥皮月饼一般不借助饼模具成型。

（7）烘烤：酥皮月饼要求"白脸"，一般要求上火温度略低（170℃），下火稍高（180℃），烘烤时间 25～30 min。熟透的酥皮月饼其饼面光滑，鼓起外凸，饼边周围呈乳黄色，起酥（图 6-9）。

3. 马铃薯广式月饼

广式月饼是广东传统点心的代表，体现广东地区制作工艺和风味特色。以小麦粉等谷物粉、糖浆、植物油等为主要原料制成饼皮，经包馅、成型、刷蛋液、烘烤（或不烘烤）等工艺加工制成口感柔软的月饼。广式月饼依据馅的软硬分为软口和硬口两大系列：软口月饼有莲蓉类、豆蓉（沙）类、栗蓉类、杂蓉类、果仁类、果蔬类等；硬口月饼有伍仁、火腿等。

图 6-9　马铃薯酥皮月饼

1）饼皮的原料及配方

马铃薯广式月饼饼皮的制作原料及配方如表 6-4 所示。

表 6-4　广式月饼饼皮的食材配方

原料名称	质量/g
高筋小麦粉	200
马铃薯全粉（或薯泥）	100（300）
普通小麦粉	200
黄油	180
牛奶	90

2）手工制作工艺流程（图 6-10）

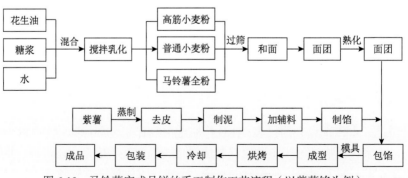

图 6-10　马铃薯广式月饼的手工制作工艺流程（以紫薯馅为例）

3）手工制作操作要点

（1）成型：利用模具成型，大小、薄厚、形状可多样化，馅料占比较大。

（2）刷蛋液：在烤制的半成品月饼上刷一层蛋黄液。

（3）上色：温度上火 190℃、下火 180℃，先烤制 5 min。

（4）熟制：温度上火 180℃、下火 160℃，烤制时间 10 min，至深黄色（图 6-11）。

图 6-11　马铃薯广式月饼（紫薯馅）

6.2.3　马铃薯月饼的工业化加工技术与主要装备

马铃薯月饼的工业化加工技术涉及马铃薯泥的初加工以及和面、压面、面团熟化、制馅、成型、烤制、冷却、包装等。马铃薯泥的初加工以及和面、压面、面团熟化等在其他章节已有相应的叙述，这里着重介绍马铃薯广式月饼的成型、烤制和包装的工业化技术与装备。

1. 广式月饼成型技术及成型机

广式月饼自动成型机种类很多，其核心功能在于包馅。月饼自动成型机多采用四绞龙输料，叶片泵增压螺旋供料；饼皮和馅料的比例大小可调，输馅稳定，馅料与饼皮层次清晰。成型时将包馅的生坯经过月饼印模上、下冲压即可成为所需几何形状和花纹的月饼，如圆形、椭圆形、迷你小月饼及形态各异的迷你卡通形等，生产能力一般为 1500～2500 个/h。

2. 广式月饼烘烤、冷却及包装生产线

月饼成型后，经过传动带送入连续隧道式烘烤机进行烘烤[图 6-12（a）]。烘烤机一般采用电热管加热，上下均匀设置热源，温度控制精确，并通过鼓风机使烘烤机内部形成循环热风，达到温度均一，从而获得快速、均一的烘烤效果。

烘烤后的月饼从烘烤机直接进入冷却单元，经冷风强制冷却[图 6-12（b）]，再进入连续式包装机进行包装[图 6-12（c）]。月饼一般含糖量较高，烘烤后水分活度降低，在常温下可保存 2～3 个月，但是低糖月饼需要有相应的保鲜措施。

(a) 连续隧道式烘烤机　　　　　(b)月饼冷却　　　　　(c)连续式月饼包装机

图 6-12　广式月饼烘烤、冷却及包装生产线

6.3　马铃薯饼干

6.3.1　产品概述

饼干的英文一词源于"烤两次的面包"，由法语 bis（再次）和 cuit（烤制）组合而成。饼干是在长期的航海作业中，因面包含水量太高不适合作为长期的储备干粮而发明的一种烤制到含水量很低的干饼状食物。

饼干的工业化加工技术于 20 世纪 30 年代初引进我国，到 20 世纪 80 年代中期以来生产规模、工艺技术和连续化生产线进入蓬勃发展的时期。饼干的花色品种已发展至上百种之多，主要品种有硬性饼干、软性饼干、苏打饼干、起酥饼干、华夫饼干、夹心饼干、巧克力涂挂饼干等。根据《饼干》国家标准第 1 号修改单（GB/T 20980—2007/XG1—2019），饼干可分为如下类型（图 6-13）。

图 6-13　饼干的分类

发展到今天，饼干产品的同质化现象已经十分严重，今后饼干产业将朝着口感薄脆、口味多样和营养健康的方向发展。上述的所有饼干类型均可添加马铃薯原料，马铃薯饼干的问世对我国营养健康饼干产业的提档升级增添了新活力。马铃薯饼干

是以马铃薯全粉、小麦粉为主要原料，加入食糖、油脂及其他辅料，经过调粉、成型、烘烤，制作成含水量低于 6.5% 的松脆性食品。

6.3.2　马铃薯饼干的主要原辅料

1. 马铃薯全粉

马铃薯全粉是以马铃薯为原料，经过清洗、去皮、蒸煮、干燥、研磨而成，具有更全面的营养、更好的风味和口感。马铃薯全粉因其具有丰富的营养物质以及良好的口感而得到越来越广泛的应用，也是营养饼干的良好原料。作为烘焙类饼干的原料，马铃薯全粉中的还原糖含量要低；否则，烤制后色泽变得过深。

2. 小麦粉

根据饼干产品的特性不同，对小麦粉的品质要求也不同。韧性饼干选择湿面筋含量为 21%~30% 的小麦粉为宜，其面筋弹性中等，延伸性要好；而酥性饼干则应选择湿面筋含量为 19%~24% 的小麦粉为宜，面筋延伸性大，弹性要小；苏打饼干选择湿面筋含量为 28%~35% 的小麦粉为宜，面筋弹性要大；半发酵饼干则选择湿面筋含量为 24%~30%、弹性中等偏上的小麦粉为宜。

3. 油脂

油脂可以赋予饼干良好的香气和可口的滋味。但是饼干中的油脂必须要有一定的氧化稳定性，防止货架期内油脂的氧化酸败产生哈喇味；同样，针对不同类型的饼干，油脂的含量及种类也不相同。一般使用精炼的植物油或猪油，可以直接使用。奶油、椰子油等油脂在室温下呈黏稠状态，可用搅拌机软化或适当加热后方可使用。

普通饼干的油脂添加量一般仅为 6%~8%；韧性饼干对油脂要求不高，只需油脂品质优良即可，一般占小麦粉总量的 20% 为宜；酥性饼干则要求油脂具有良好的乳化性和起酥性，添加量一般为小麦粉总量的 14%~30%；苏打饼干具有酥松度和层次感，因而对油脂品质的要求更高，需起酥性与稳定性兼有，为此通常选用猪油和植物油相互搭配互补使用；半发酵饼干则只在其表面喷油即可，一般多选择棕榈油。

4. 蛋乳原料

鸡蛋在饼干中起多重作用。首先鸡蛋富含蛋白质和脂肪，矿物质和维生素含量较高，消化吸收率高，能提高饼干的营养价值；其次，鸡蛋本身具有良好的起酥性和乳化性，能使饼干在高温烘烤中膨胀，口感变得更加松脆；最后鸡蛋添加后使饼干容易上色，特别是蛋黄有助于改善饼干的色香味，同时烤制后还有一定的抗氧化作用，有利于保存。

乳品及乳制品通常指牛乳原料及其制品，在饼干中的主要作用：首先添加乳品或乳制品能赋予产品优良的风味，这是由于其本身具有不可替代的乳香气和滋味；其次是乳品或乳制品中富含蛋白质、脂肪和乳糖以及维生素、钙磷等物质，能提高饼干的营养价值；再次牛乳具有乳化作用，能改善面团胶体性能，促进面团中的水油乳化，提高面团的胀润度，有利于加工成型；最后乳品或乳制品中的乳糖是一种还原糖，在烘烤时利于饼干的上色。然而，过多地添加奶粉或甜炼乳时，会造成面团的黏性过大，加工时会造成黏辊筒、黏印模等弊端，尤其是甜炼乳更会给操作工艺带来相当大的难度。因此，乳品或乳制品的添加应当适量。

5. 食糖

食糖多为白砂糖，也可以是液体状态的饴糖。使用白砂糖时，也需要将其熔化为糖浆使用。食糖是饼干配方中不可缺少的原料，主要成分为蔗糖，其在饼干的加工过程中除增加甜味外，还有其他特殊作用。首先，由于糖类本身就是一种吸水剂，它能降低面筋和淀粉等胶体内的水分活度，产生反水化作用，使面团变得柔软；其次糖类能产生焦糖化作用，包括单糖水解和多糖热聚合反应，生成有色物质，使饼干容易上色；最后糖类还能与饼干复配粉、鸡蛋以及奶粉中的蛋白质等发生美拉德反应，形成棕黄色的物质。

饼干中添加足量的食糖，就能经过烘烤使"焦化作用"与"美拉德反应"加速，不仅饼干表面有谷黄的色泽，而且还产生烘烤制品固有的焦香风味。通常食糖在甜饼干中的用量因饼干种类不同，添加量也不同，如苏打饼干的添加量极低，一般为小麦粉质量的 2%，韧性饼干的添加量为 24%~26%，酥性饼干的添加量为 30%~38%，而半发酵饼干的添加量为 12%~22%。各类产品配方中的食糖添加量有时根据特殊的口感也会有所不同。

6. 香料

可使用耐高温的来自香蕉、橘子、菠萝、椰子等植物的香精油。香料的使用需要符合食品添加剂使用标准。

7. 其他添加剂

食品添加剂是为改善食品的色、香、味等品质，以及为加工工艺的需要而加入的人工合成或者天然的物质。目前随着食品科学技术的进步与发展，食品添加剂也广泛应用于烘烤食品中，饼干的加工生产中也需要加入疏松剂、乳化剂、面团改良剂和抗氧化剂等。

1）疏松剂

饼干中通常使用的疏松剂主要有两种：生物疏松剂和化学疏松剂。生物疏松剂有鲜酵母、干酵母等，主要应用于发酵类苏打饼干和半发酵类饼干；而化学疏松剂有碳酸氢钠（$NaHCO_3$）和碳酸氢铵（NH_4HCO_3）等，主要在韧性饼干和酥性饼干中使用。疏松剂的总用量为复配粉的1%左右。

生物疏松剂主要是由于酵母菌在饼干面团中发酵时的呼吸作用，产生 CO_2 气体，进入烘烤工序时受热膨胀，使苏打饼干内部形成疏松的多孔状组织，使产品形成酥松口感。酵母发酵过程中因无氧呼吸产生醇类和有机酸，在高温烘烤时形成有香气的酯类物质，从而赋予饼干适宜的酸味和发酵产品特有的滋味。酵母在发酵过程中还会产生一些生物酶类，分解小麦粉及马铃薯全粉中的蛋白质和淀粉，形成片段蛋白质、多肽等以及寡糖等成分，更易被人体所吸收。而酵母本身又是蛋白质的来源，同时在发酵过程中还产生多种维生素，增加了饼干的营养价值。

化学疏松剂受热直接分解产生的气体是饼干加工中膨胀的主要来源。饼干坯进入烤炉后，NH_4HCO_3 分解产生 CO_2 和 NH_3，$NaHCO_3$ 分解产生 CO_2，分解出来的气体使饼干坯体积膨胀增大，厚度急剧增加。但是，化学疏松剂添加量不宜过多，如 $NaHCO_3$ 过多会导致产品发黄，NH_4HCO_3 产气能力较强，添加过多会使产品破裂。$NaHCO_3$ 和 NH_4HCO_3 的使用总量，以复配粉计为 0.5%～1.2%，两者通常按比例配合使用，根据不同的工艺和配方进行调整。饼干的化学疏松剂除传统的 $NaHCO_3$ 和 NH_4HCO_3 外，新型的饼干膨松剂如葡萄糖酸-δ-内酯，也可以有效提高饼干的疏松度，并能在烘烤中使 $NaHCO_3$ 充分分解，或使用焦磷酸钠，使烘烤中产生的 CO_2 缓慢释放，以增加产气的长效性。

2）乳化剂

饼干加工中常用的乳化剂有蔗糖酯和单甘油酯等，同样可改善面团的物理性状，优化口感，有利于饼干的烘烤干燥操作，提高饼干的疏松度。蔗糖酯的添加量通常为饼干复配粉的 0.08%～0.10%，其亲水亲油平衡值（HLB 值）应选择在 12～16；单甘油酯的添加量为 0.04%～0.05%。

3）面团改良剂

饼干面团改良剂是在添加数量有限的情况下能显著改良面团的性能,使之更适合饼干加工工艺需要的一类食品添加剂。

焦亚硫酸钠是韧性面团改良剂，可缩短调粉的时间、增加面团可塑性、降低面筋的弹性。依据国家标准中二氧化硫残留量计算，其添加量不得超过 0.45 g/kg。

大豆磷脂或卵磷脂等天然乳化剂为酥性面团改良剂，能降低面团的黏性，增加饼干的疏松度，并可有效改善饼干色泽。通常大豆磷脂的添加量为饼干复配粉总量的 0.5%～1%，卵磷脂的添加量为 1% 左右，过量添加会影响饼干的口味。

抑制蛋白酶是苏打饼干的面团改良剂，具有强化面筋的作用。木瓜蛋白酶和焦亚硫酸钠作为半发酵饼干的面团改良剂，用来降低面筋强度，保持饼干外观形态，提高饼干的疏松度。

4) 抗氧化剂

饼干中含有较多油脂，添加抗氧化剂有利于产品的储存。常用的抗氧化剂有叔丁基对羟基茴香醚（BHA）、2,6-二叔丁基对甲酚（BHT）和没食子酸等，其用量不应超过油脂总用量的 0.01%。

6.3.3　马铃薯饼干的配方、工艺流程及工业化加工技术与装备

1. 马铃薯韧性饼干

韧性饼干是因使用韧性极强的面团制作而得名，其层次感较强，口感松脆。玛丽饼干、钙质饼干、蛋奶饼干、奶油饼干是我国典型的韧性饼干的代表。

1) 配方

马铃薯韧性饼干的复配粉主要为马铃薯全粉和小麦粉。马铃薯全粉占比为15%～30%，小麦粉一般采用中筋粉。复配粉要经过过筛，既控制复配粉的粒度，同时使复配粉中混入一定量的空气，有利于饼干的疏松。为了使面筋充分形成，配方中油脂和食糖的添加量比较低，二者的比例一般为 1∶2.5，二者的总量占复配粉的 25%～30%。由于韧性饼干面团的韧性很强，因此需要面筋形成充分并需长时间调粉才能满足工艺需求。马铃薯韧性饼干的配方如表 6-5 所示。

表 6-5　马铃薯韧性饼干配方实例

名称	基本配方	普通韧性饼干	钙质饼干	蛋奶饼干	玛丽饼干
马铃薯全粉/kg	20	20	20	20	20
小麦粉/kg	74	74	74	74	74
淀粉/kg	6	6	6	6	6
白砂糖/kg	30	21	18.7	32	30
饴糖/kg	3～4	4	1.0	2	3
植物油/kg	12	8	6.7	16	8
猪板油/kg	—	1.5	4.0	—	7
鸡蛋/kg	—	—	—	6	8

续表

名称	基本配方	普通韧性饼干	钙质饼干	蛋奶饼干	玛丽饼干
全脂奶粉/kg	3	—	—	2.5	2.5
香兰素/kg	—	—	—	0.025	0.002
香油/kg	0.1	—	—	—	0.1
食盐/kg	0.3~0.5	0.43	0.43	0.5	0.3
碳酸氢钠/kg	0.7	0.8	0.8	0.8	0.8
碳酸氢铵/kg	0.4	0.5	0.4	—	0.4
碳酸氢钙/kg	—	—	1.0	—	—
磷脂/kg	1.0	—	1.6	—	—
抗氧化剂 BHT/g	1.2	1.2	2.0	—	2.0
柠檬酸/g	2.4	2.4	3.2	—	4.0

2）工艺流程

马铃薯韧性饼干生产工艺流程如图 6-14 所示。

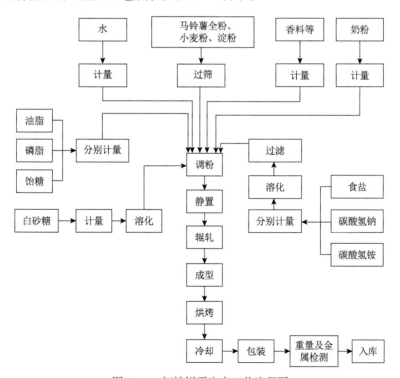

图 6-14　韧性饼干生产工艺流程图

3）韧性饼干的工业化加工技术与装备

目前，我国韧性饼干的工业化加工技术与装备已经十分成熟，连续化、自动化程度很高（图 6-15）。

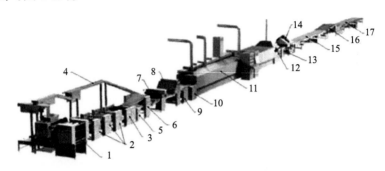

图 6-15　韧性饼干自动化生产线

1.叠层机；2.双轧座；3.辊切机；4.侧面回收机；5.过渡机；6.分离座；7.撒盐糖机；8.喷蛋机；9.入炉机；10.炉网输送机；11.烤炉；12.炉网输入机；13.出炉机；14.喷油机；15.冷却输送机；16.理饼机；17.包装台

（1）面团调制技术：是制作饼干的关键技术之一。韧性面团的形成与复配粉中蛋白质的数量和品质、加料的次序、食糖和油脂的反水化作用、调制面团时的温度和时间、调制面团的方式等因素有关。

韧性面团在调制的过程中，通过搅拌、撕拉、揉捏、甩掼等工艺处理，原料得以充分混合，并使得面团的各种物理特性（弹性、软硬度、可塑性）等都得到良好的改善，为后续成型工序创造必要条件。

控制面团温度及投料顺序：面团调制过程中，控制面团温度十分重要，韧性面团温度通常控制在 38～40℃。尤其对糖浆的温度应根据不同季节，不同小麦粉的性质和面团所要求的温度，由操作技工灵活掌握调整，一般不宜超过 60℃，冬天的糖浆温度应加热到 85℃。投料顺序是先将油脂、食糖、奶粉、鸡蛋等辅料加热水或热糖浆，加入和面机中搅拌，再将复配粉投入进行搅拌，这样的调粉过程可使部分复配粉经变性凝结，从而降低面筋的形成量，提升韧性面团的工艺性能。如果使用面团改良剂，应在面团初步形成后 10 min 投入。最后加入香料、疏松剂等继续调制到 40 min 即可。面团调制时间还应根据产品的配方和实际情况判定，一般来说，添加食糖、油脂比较多的韧性面团调制的时间相应延长；低糖、低油脂普通小麦粉制作的低档饼干，面团的调制时间可相应缩短。

韧性饼干面团的调制分为两个阶段：第一个阶段是使复配粉充分吸水，含水量控制在 18%～21%；第二阶段是使已经形成的面筋在搅拌机的搅拌下不断拉伸撕裂，使其逐渐超越弹性限制而降低弹性。这个过程会部分析出面筋吸收的水分，面团可以变得较为柔软。面筋弹性显著减弱后具备了一定的可塑性，以此达到了面团调制的目的。

面团静置：是得到理想的韧性面团不可或缺的环节。由于面团在长时间调粉过程受到调制设备的拉伸和撕扯，这些行为能使面团产生一定的张力，影响面团的韧性。因此，调制好的面团一般需要静置 15～30 min，使其张力降低、黏性下降，满足工艺要求。

总而言之，面团调制与静置的时间需要有一定经验积累的操作技工来做出正确判断。通常判定的经验做法如下：取一块调制到一定程度的面团搓捏成粗条后，用手感觉面团柔软适中；表面光滑油润，搓捏面团时具有一定程度的可塑性，不粘手；当用手拉断粗条面团时，感觉有较强的延伸力，且拉断的面团有适度缩短的弹性现象。在这种情况下，可以判断面团已达到了最佳状态，完成了调制面团的工作，可以进入下道工序。

（2）面团辊轧技术：调制成熟的面团经过辊轧可以排除面团中的部分空气，防止饼干在烘烤后产生较大的孔洞，还可以提高面团的结合力和表面光洁度，可以使饼干制品横断面形成明晰的层次结构。辊轧要在辊轧机上进行，在辊轧过程中，经过辊筒的机械作用，使面团受到剪切力和压力而变形，产生一定的纵向和横向张力。用辊轧机压制面片时，如果面团只向纵向延压，会导致面团的纵向张力大大超过横向张力，将使成型后的饼坯纵向发生收缩变形。通常比较合适的操作方法是，每经数次辊轧后，将面片转 90°角再压面，保持面片的纵向和横向张力一致。该操作方法不仅可以消除饼坯收缩变形的问题，同时可增加制品的松脆度和膨胀力，而且烤制后的饼干横断面变得均匀有层次感。通常来说，9～13 次辊轧、数次 90°转向压延的面团，才能使得面带受到的纵横张力平衡分布，可避免因张力不均而引起后续成型后饼坯的收缩变形（图 6-16）。

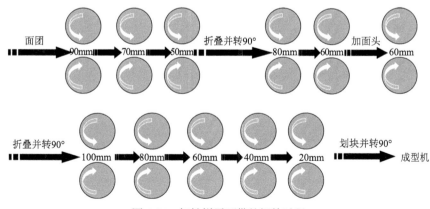

图 6-16　韧性饼干面带的辊轧过程

（3）成型技术：饼干成型装备根据配方和品种的不同，有冲印成型机、辊印成型机、辊切成型机、挤条成型机、挤花成型机及钢丝切割机等多种机型。由于韧性饼干面团中的面筋水合化充分，面团弹性大，烘烤时饼坯的胀发率大并容易溶出气泡，底部容易出现凹陷，因此宜使用带有针柱的凹花印模，将饼干坯扎上均匀分布的穿孔，可以防止烘烤时表面起泡，因此，采用冲印成型机成型。冲印成型机又分为间歇式冲印成型机和摆动式冲印成型机。

（4）烘烤技术：韧性饼干的烘烤工艺为温度 240～260℃，烘烤时间 3.5～5.0 min，最终（冷却后）含水量控制在 2%～4% 的范围内。当饼坯移入烤炉后，在高温条件下产生一系列的化学、物理及生物变化，包括冷凝、膨胀、定型、脱水和上色等，由生变熟，使饼干变为具有疏松多孔的海绵状结构，体积增大，产生令人愉快的薯麦香气、浅金黄的色泽及便于储运的稳定形态。

烘烤过程经过四个阶段：第一为冷凝阶段，韧性饼干的饼坯含水量为 20%～24%。当传送带将饼坯送入烤炉内时，炉内温度为 250℃左右，由于饼坯表面温度仅为 30～40℃，产生的水蒸气在炉内冷凝，结露落在饼坯表面，此时饼坯不是失水而是增加了水分。第二为膨胀阶段，饼坯表面温度达到 100℃以上，此时饼坯表面开始蒸发水分，表面结构中的淀粉粒在高温高湿的条件下迅速糊化，使表面产生光泽。同时，饼坯中的疏松剂开始分解产生 CO_2，而湿面筋由于具有对气体的阻抗力，在此压力下，饼坯膨胀，厚度急剧增加，烘烤 3 min，体积可增加 215% 左右。第三为蛋白质变性定型阶段，当饼坯内部的温度达到 80℃，在 1.5 min 左右即可达到蛋白质凝固的温度，凝固的蛋白质脱水后形成了饼干的"骨架"。此后厚度不再发生变化，饼干基本定型。第四为上色阶段，当饼坯温度达到 150℃、含水量在 13% 左右时，发生美拉德反应和焦糖化反应，饼干变为棕黄色，且色泽稳定不易褪色（图 6-17）。烘烤结束出炉时饼干含水量一般在 8% 左右。

图 6-17　马铃薯韧性饼干

（5）冷却与包装：饼干出炉时，表面温度约 180℃、中层温度约 110℃左右，此时饼干呈柔软状态，略受外力的影响就易变形，需冷却到 30℃左右方可包装。在冷却的过程中，饼干内部的含水量仍然在发生变化。刚出炉的饼干水分分布是不均匀的，外部含水量低，内部含水量高，冷却过程中内部水分仍然向外部转移，发生再分配。依靠饼干自身的热量，转移到饼干表面的水分继续向空气中散发，最终的含水量达到 3%～4%。

饼干的冷却分为两步：第一步，直接在烤盘或烤炉网带载体上冷却，时间较短；第二步，将初步冷却的饼干用刮刀从载体上刮落到冷却输送带上冷却，在相对湿度 70%的环境中冷却到 30～40℃。在冷却的过程中不能用冷风吹，否则饼干可能发生龟裂。在冬季或气候干燥时，冷却输送带上要加罩子，防止水分散失过快。

冷却后的饼干必须迅速进行包装，否则饼干会吸湿。包装要选择阻氧和阻湿性高的包装材料，防止储存过程中回潮和氧化。包装后的饼干应在阴凉、干燥、通风的环境下储运。

2. 马铃薯酥性饼干

1）配方

马铃薯酥性饼干属于中高档甜味饼干，表面花纹明显，孔洞显著，内部结构细密。酥性饼干一般使用的食糖与油脂的标准配比大约为 1∶2，食糖与油脂的总量与复配粉的配比也为 1∶2。马铃薯酥性饼干配方如表 6-6 所示。

表 6-6　马铃薯酥性饼干配方实例

原料名称	基本配方	奶油饼干	蛋酥饼干
马铃薯全粉/kg	20	20	20
低筋小麦粉/kg	73	70	73
淀粉/kg	7	10	7
白砂糖/kg	32～34	30	30
饴糖/kg	—	5	4
起酥油/kg	14～16	9	9.5
奶油/kg	—	16	9
全脂奶粉/kg	4.0	4.5	1.5
磷脂/kg	1.0	1.0	—
鸡蛋/kg	—	3.5	3.5

原料名称	基本配方	奶油饼干	蛋酥饼干
食盐/kg	0.5	0.45	0.45
碳酸氢钠/kg	0.6	0.3	0.4
碳酸氢铵/kg	0.3	0.2	0.2
香精/g	适量	适量	适量
抗氧化剂 BHT/g	2	2	2
柠檬酸/g	—	3	3

2）工艺流程

马铃薯酥性饼干生产工艺流程如图 6-18 所示。

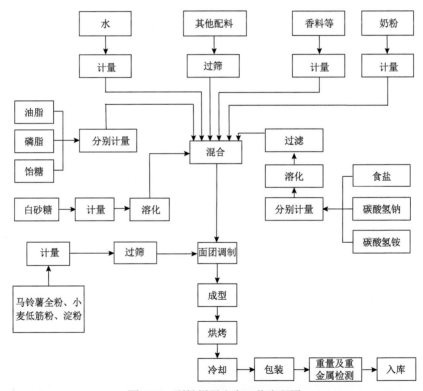

图 6-18　酥性饼干生产工艺流程图

3）酥性饼干加工技术要点与生产线

酥性饼干的加工技术与生产线也相当成熟，可以实现自动化加工（图 6-19）。

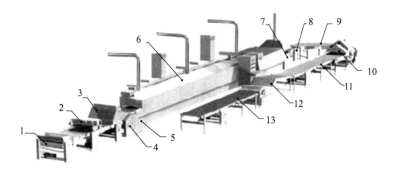

图 6-19　酥性饼干的自动加工生产线

1.辊印成型机；2.撒盐糖机；3.喷蛋机；4.入炉机；5.炉网输送机；6.烤炉；7.炉网输入机；8.出炉机；
9.平面转弯机（必要时）；10.喷油机；11.冷却输送机；12.理饼机；13.包装台

（1）面团调制：酥性饼干面团因其温度接近或略低于常温，比韧性饼干面团的温度要低得多，故称酥性饼干面团为"冷粉"。酥性饼干面团要求可塑性比较大，并且有较弱的黏弹性，面团内部有结合力，但又不粘辊筒和印模，成型后能保持清晰花纹，且形态不收缩变形。在烘烤时酥性饼干有一定的胀发率，成品内部孔洞性好，质构酥松。因此，酥性饼干面团在调制中应遵循有限胀润的原则，适当控制面筋蛋白质的吸水率，根据需要控制面筋的形成，限制其胀润程度，才能使面团获得有限的弹性。

调制酥性饼干面团时，投料的顺序：第一步，将食糖、油脂、水（或糖浆）、乳蛋、疏松剂等辅料预混成乳浊液；第二步，加入香精、香料等辅料；第三步，加入复配粉进行面团调制。

由于酥性饼干面团的食糖和油脂含量比较高，所以首先要将食糖、油脂和水进行混合乳化，食糖能快速吸收水分形成高浓度的糖浆溶液，产生渗透压，进而分布在面筋蛋白表面，阻止水分和面筋的充分接触，这种反水化作用使面筋不能吸收过多水分进行胀润；加之油脂容易被吸附在复配粉的颗粒表面，形成一层油膜阻碍水分子向蛋白质胶粒内部渗透，造成蛋白颗粒之间的结合力下降，使面团软而弹性低，黏性也减弱，达到酥性饼干面团的要求。酥性饼干面团调制的技术要点是要掌握好调粉的温度和加水量，正确判断面团调制的成熟度。

a）加水量：加水量与面团的软硬度有关，面团含水量以 16%～18%为最佳。水多时，面团发软，调粉的时间要缩短；水少时，面团发硬，要适当增加搅拌时间，否则难以凝聚成型。当食糖和油脂的添加量较少时，面团加水量也应减少。用控制加水量达到控制面粉的胀润程度，是防止面团弹性增大变形的一项有效措施。

b）水的温度：由于酥性饼干面团的配方中水占的比例比较大，因此加水的温度也决定着面团的温度。油脂含量少的面团如果温度过低，面团黏性增大，容易粘辊，影响成型。此外，如果面团温度过高，面团起筋容易造成产品的收缩变形，次品率增加。因此，酥性饼干的面团温度一般控制在 22～26℃，但冬季面团的温度可以比此温度稍高 2～3℃。

c）面团调制的时间：面团调制时间的控制对酥性饼干面团的加工特性十分重要，调制酥性饼干面团的时间控制 6～12 min 为宜。在调制面团过程中，分次取出一小块面团，观察其有无干粉、水分及油脂有无外露。再用手搓捏面团判断是否不粘手，软硬度是否适中。如果面团上有清晰的手纹痕迹，且当用手拉断面团时能听到清脆的声音，感觉面团稍有一些结合力和延伸力，而无缩短的弹性现象，这说明面团的可塑性适中，已达到良好的调制程度。

（2）成型：高油脂饼干一般采用辊印成型机，辊印成型的饼干花纹图案十分清晰。辊印成型机占地面积小、产能大，不需要分离面头，运行平稳，噪声也很低。酥性饼干面团的含油量高，面团质地比较柔软，弹性低，可塑性大。因此，可以直接利用辊印技术成型（图 6-20）。辊印成型机通过印模辊与槽辊齿轮的传动，印模进料均匀，成型速度在一定范围内可以自由调节。

图 6-20　辊印成型机

辊印成型还适用于在面团中加入芝麻、花生、核桃仁、杏仁及粗砂糖等小型块状物料。

（3）烘烤：酥性饼干的配料使用范围广，块形各异、厚薄相差悬殊，在烘烤过程中很难确定统一的烘烤参数。酥性饼干面团中由于大量食糖和油脂等物料的存在，面团内的结合物较少，因而面团内的水分容易蒸发，烘烤时间比韧性饼干短，可以采用高温下短时间烘烤的方法。

目前绝大多数饼干加工厂的酥性饼干烘烤时间控制在 4～5 min。不同的烘烤阶段，时间选择大致为当饼坯表面温度达到 100℃时，需要 1～1.5 min；表面温度达到 120℃、中心层温度达到 100℃，需要 1.5～2.5 min；脱水阶段需要 0.5～1 min；最后表面上色阶段约 0.5 min。

根据酥性饼干配方的不同，烤制的时间也不尽相同。如果配方中的食糖、油脂及蛋奶制品添加较多时，入烤炉时应用大面火及底火，以避免油脂出现"油摊"现象，然后采用多阶段逐步降低温度，饼干烘烤完成之后质地不会发硬；而如果配方中食糖和油脂含量不高，则烘烤前半部分时间面火、底火温度较低，确保在体积胀发的同时不致在表面迅速形成坚实的硬壳，然后面火温度逐渐升高，确保表面充分上色（图 6-21）。

图 6-21　马铃薯酥性饼干

（4）冷却与包装：酥性饼干的冷却与包装和韧性饼干基本相同。

3. 马铃薯发酵苏打饼干

马铃薯发酵苏打饼干是采用酵母发酵与化学疏松剂相结合的发酵饼干，具有酵母发酵食品固有的香味，内部结构层次分明，表面有较均匀的起泡点，由于含糖量少，所以呈乳白色或略带微黄色泽，口感松脆。

1）配方

在马铃薯发酵苏打饼干配方中，马铃薯全粉和小麦粉（分别用强筋粉和低筋粉）按比例混合为复配粉；食糖与油脂的比例为（0～1.5）：10，食糖和油脂的总量与复配粉的比例为 1：（4～6），配方实例如表 6-6 所示。

表 6-6　马铃薯发酵苏打饼干各种配方实例

分区	原料品名	苏打饼干基本配方	咸奶苏打饼干	葱油苏打饼干
第一次调粉	马铃薯全粉/kg	8	8	8
	强筋小麦粉/kg	40	40	40
	白砂糖/kg	—	2.3	1.5
	鲜酵母/kg	0.5	1.4	1.8
	食盐/kg	0.75	0.75	0.75

续表

分区	原料品名	苏打饼干基本配方	咸奶苏打饼干	葱油苏打饼干
第二次调粉	低筋小麦粉/kg	30	30	30
	马铃薯全粉/kg	12	12	12
	饴糖/kg	—	3.5	2
	磷脂/kg	1	—	1
	植物油/kg	16	7	11
	猪油/kg	—	4	4
	奶油/kg	—	5	—
	全脂奶粉/kg	2	3	1.2
	鸡蛋/kg	4	2	2
	洋葱汁/kg	—	—	5
	碳酸氢钠/kg	0.5	0.4	0.25
	碳酸氢铵/kg	—	—	0.25
	面团改良剂/g	—	2	2
	抗氧化剂/g	1.6	3	3
	柠檬酸/g	3.2	—	—
擦油酥	低筋小麦粉/kg	10	10	10
	猪板油/kg	—	1	5.5
	奶油/kg	2.0	4.5	—
	食盐/kg	0.3	0.35	0.5

2）工艺流程

马铃薯发酵苏打饼干工艺流程如图 6-22 所示。

3）马铃薯发酵苏打饼干加工的技术要点

（1）面团调制与发酵：发酵苏打饼干是利用生物疏松剂及酵母在生长繁殖过程中产生 CO_2，并使其均匀充盈在面团中，在烤制时 CO_2 受热膨胀，加上油酥的起酥效果，而形成特别酥松的成品质地和具有清晰的断面层次结构。

马铃薯发酵苏打饼干因为有发酵工序，因此在面团调制工艺中与马铃薯韧性饼干和马铃薯酥性饼干均有不同，马铃薯发酵苏打饼干面团的调制和发酵一般采用二次发酵法。

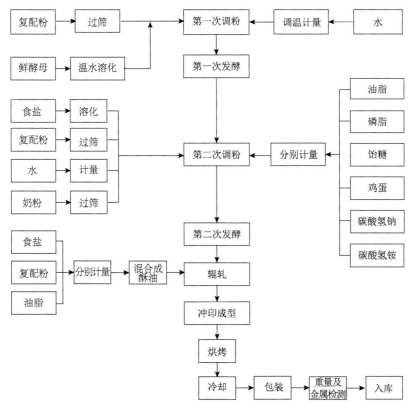

图 6-22　马铃薯发酵苏打饼干工艺流程

第一次面团调制与发酵：通常使用复配粉总量的 40%～50%；加预先用温水溶解的鲜酵母（用量为复配粉的 0.5%～0.7%）液或活化好的干酵母（用量为复配粉的 1.0%～1.5%）液；加水量应根据复配粉的面筋含量确定，面筋含量高的加水量应高些，中筋粉加水量为 40%～42%，高筋粉为 42%～45%；调制的时间为 4～6 min，至面团软硬适度；面团的温度冬天为 28～32℃，夏天为 25～29℃。第一次发酵的目的是通过面团较长时间的静置，使酵母在面团中大量繁殖活化，增加面团的发酵潜力。第一次发酵时间视工艺不同而异，一般为 4～8 h 或再长些。酵母在繁殖过程中所产生的 CO_2 气体使面团体积膨大，面筋蛋白发生水解和变性等物理和化学变化，面团产气膨胀超过了面筋所能承受的抗胀力，内部组织呈海绵状结构，面团发酵的结果是使其弹性降低到理想的程度。第一次发酵结束时，面团的 pH 有所降低，为 4.5～5.0。这说明第一次发酵已经成熟，其发酵的面团将作为第二次发酵的“酵头”。

第二次面团调制与发酵：在“酵头”中加入其余 50%～60%的复配粉、油脂、食盐、饴糖、鸡蛋、奶粉等原辅料，在调粉机中调制 5～7 min。冬天面团温度应保持在 30～33℃，夏天为 28～30℃。第二次调粉发酵和第一次调粉发酵的主要区别是配料中因有大量的油脂、食盐及碱性疏松剂等物质，使酵母发酵变得困难。发酵苏打饼干要求质地呈海绵状组织，因此在第二次调粉时，选用中筋粉及以下粉质的面粉，能保持苏打饼干酥松口感，制作时不容易变形，外形也美观。

（2）面团的辊轧与包油酥：面团的辊轧具有如下作用：发酵面团在发酵过程中形成海绵状组织，经过辊轧可以驱除面团中多余的 CO_2 气体，使面带形成多层次结构；经过辊轧后的面带有利于冲印成型；发酵苏打饼干生产中的夹酥工序也需在辊压阶段完成。发酵苏打饼干的面团辊轧通常采用立式层压机。

在辊轧时，压延比不能过大，否则会影响烘烤后蓬松的口感，因此在未加油酥前压延比不宜超过 1：3；压延比过小时，面团不能轧得均一，会使烘烤后的饼干出现不均匀的膨松度和色泽差异。

发酵苏打饼干面团一经夹入油酥后，压延比一般要求为（1：2）～（1：2.5），否则表面易轧破，油酥外露，使胀发率低，饼干颜色又深又焦，变成残次品。

（3）饼干成型：发酵苏打饼干的印模与韧性饼干的不同，韧性饼干采用凹花有针柱的印模，而发酵苏打饼干不使用有花纹的针柱印模。因为发酵苏打饼干弹性较大，冲印后花纹保持能力变差，所以一般只使用带针柱的印模即可。在冲压成型过程中，防止面带紧绷，并让面带有一定的垂度，消除延压后的张力，防止产品变形。

（4）烘烤与冷却：发酵苏打饼干烘烤时间以 4.5～5.5 min 为宜。烘烤时一般将烤炉分为前、中、后三个区段。烘烤温度前区段一般底火 250～300℃，面火可以适当降低到 200～250℃，这样能使饼干快速升温产生 CO_2，使饼干坯膨胀。如果炉温过低，特别是底火不足，即使发酵良好的饼坯，也将由于胀发缓慢而变成僵片。在烘烤的中间区段，一般底火逐渐降低至 200～250℃，面火逐渐升高至 250～280℃。这样可以将已胀发到最大限度的体积固定下来。如果这个阶段的面火温度不够高，表面凝固时间长，定型慢，会造成胀发起来的饼坯重新塌陷，最终使饼干僵硬不酥松。最后阶段是上色阶段，炉温通常低于前面各区域，面火和底火温度在180～200℃为宜，以防止炉温过高而使饼干色泽过深或焦化。

pH 对发酵苏打饼干的烘烤上色影响甚大，如果面团发酵过度，致使参与美拉德反应的糖分减少，pH 下降，不易上色。发酵苏打饼干的烘烤应采用网带或铁丝烤盘，因为钢带不容易使发酵饼干产生的 CO_2 从底面散失。

发酵苏打饼干烘烤完毕必须冷却到 30℃左右才能包装，冷却要求与前述的韧性饼干相同。马铃薯发酵苏打饼干如图 6-23 所示。

图 6-23　马铃薯发酵苏打饼干

6.4　马铃薯肉类主餐

在我国，马铃薯一向被认为是蔬菜和粮食的兼用作物。在 20 世纪的粮食紧缺时期，马铃薯曾经作为我国居民的主粮消费，1982 年城镇居民日均消费马铃薯 66 g，农村居民日均消费 180 g，在保障基本口粮方面起到十分重要的作用。改革开放以后，随着人们生活水平的提高，水稻、小麦和玉米三大主粮供应充足，城乡居民马铃薯的消费量又分别下降到 2012 年的日均 28 g 和 35 g。据调查，现阶段我国居民谷物和薯类主食比改革开放前总量要下降 50% 左右。举例来说，我国城镇居民的日均谷物消费量从 1982 年的 525 g 减少到 2012 年的 282 g，农村居民从 1982 年的 759 g 减少到 2012 年的 392 g，接近膳食指南营养推荐量 250~400 g 的下限。而城镇居民的日均动物性产品的消费量从 1982 年的 100 g 增加到 160.5 g，农村居民的日均动物性产品的消费量从 1982 年的 34 g 增加到 116 g。由于畜禽产品风味诱人，人均畜禽产品年消费量的提高仍然是我国城乡居民消费结构变化的趋势。畜禽高脂肪食品的摄入容易造成肥胖，而对于易形成"苹果型"肥胖的中国人来说，由于脂肪多积累在内脏周围，极易罹患高脂血症，对健康构成极大威胁。因此，从营养的角度考虑，应当适度控制畜禽食品的摄入比例，与谷物和马铃薯等碳水化合物的食物搭配食用较为科学。

2012 年，农业部开始实施"主食加工业提升行动"计划。2016 年，中央一号文件首次提出食品多元化的"大食物"概念，并将"积极推进马铃薯主食产品开发"也写入了该文件。2016 年 5 月 13 日，《中国居民膳食指南（2016）》发布，该指南结合了中华民族饮食习惯以及不同地区食物可及性等多方面因素，参考了其他国家膳食指南制定的科学依据和研究成果，提出了符合我国居民营养健康状况和基本需求的膳食指导建议，其中推荐每天的膳食应包括谷薯类等 12 种以上食物，畜禽类摄入量每天 40~75 g。随着我国经济的发展和社会的进步，主食的内涵和外延发生了巨大的变化。主食更加强调营养的摄入和均衡，过去处于从属地位的"副食"也逐步转正为"主食",传统主食和副食的界限变得模糊,主食已经从仅强调满足人们的能量需求,向既注重满足人们的能量需求,又注重营养摄入需求转变;从仅重视馒头、面条、米饭等提供碳水化合物为主的传统谷物主食,向既重视传统谷物主食,又重视畜禽、果蔬等提供蛋白质、维生素、矿物质等营养素为主的营养主食或称为"大主食"或主副合并的"主餐"形式转变。

在这种大食物、大健康的背景下,如何优化和调整人们的新餐盘是关系到城乡居民饮食营养健康的大问题。利用我国地跨寒、温、热三带,疆域辽阔,物产丰富,动植物原料常年丰富的特点,将植物原料与畜禽原料搭配可制造成为形式多样、兼具"主食"和"副食"的营养型"主餐"。马铃薯由于具有"入乡随俗"的特点,与肉类原料制作主餐具有多方面的品质互补优势,是"大食物"的重要选择途径之一。

6.4.1　马铃薯肉类主餐的品质互补优势

1. 多元素的营养品质互补

马铃薯富含碳水化合物、维生素、矿物质和膳食纤维,其中的维生素 C 和维生素 B₁ 在肉类原料中完全缺乏;蛋白质含量虽然较低,但是马铃薯蛋白质属于完全蛋白质,且赖氨酸含量极高,脂肪含量极低。马铃薯与肉类搭配弥补了肉类脂肪含量过高和膳食纤维缺乏等方面的不足(图 6-24)。

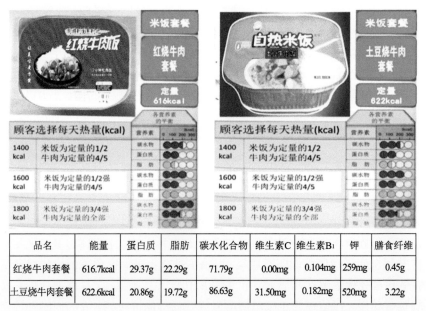

品名	能量	蛋白质	脂肪	碳水化合物	维生素C	维生素B₁	钾	膳食纤维
红烧牛肉套餐	616.7kcal	29.37g	22.29g	71.79g	0.00mg	0.104mg	259mg	0.45g
土豆烧牛肉套餐	622.6kcal	20.86g	19.72g	86.63g	31.50mg	0.182mg	520mg	3.22g

图 6-24　红烧牛肉与土豆烧牛肉套餐能量及主要营养素比较(每日能量 1400～1800 kcal 例)

（1）脂肪：根据《中国居民膳食指南（2016）》，成人每天脂肪摄取的推荐量不得超过 40 g。膳食中的脂肪来源除烹饪使用的烹调用油外，主要为食物本身含有的脂肪。据调查，目前我国居民日平均脂肪摄入量为 85 g，其中来自食物本身的脂肪达到 41.5 g，且多来自畜禽肉中的饱和脂肪酸，超出推荐量近 1 倍。而马铃薯的脂肪含量仅为千分之二左右，且多为不饱和脂肪酸。高脂肪膳食是高脂血症的危险因素，长期血脂异常可引起脂肪肝、动脉粥样硬化、冠心病、脑卒中、肾性高血压、胰腺炎和胆囊炎等。高脂肪膳食也是引发肥胖症的主要原因，是致高血压的罪魁祸首。最新研究发现，高脂饮食会对实验鼠大脑产生影响，让大脑因无法获得充足的葡萄糖而"挨饿"。大脑为了夺糖会刺激对甜食的食欲并阻止肌肉细胞和脂肪细胞获取葡萄糖，让它们抵抗促进糖进入细胞的胰岛素，长期持续可能会导致糖尿病。

（2）维生素：马铃薯含丰富的维生素 B_1、维生素 B_2、维生素 B_6 和泛酸等 B 族维生素，以及畜禽产品中缺乏的胡萝卜素和维生素 C，且耐加热。每百克鲜薯中维生素 C 含量高达 20～40 mg，是苹果的 10 倍。有营养学家做过实验，250 g 的新鲜马铃薯便够一个人一天所需要的维生素。

（3）钾元素：我国居民高血压患病率高达 25%，而血压水平和高血压患病率与钠的摄入密切相关。我国居民食盐摄取量平均每人每天达到 12 g，高出推荐量 1 倍。畜禽肉食物由于烹饪习惯和对味道的追求，容易造成钠的过量摄入。马铃薯是非常好的高钾低钠食品。钾与钠拮抗，具有降血压的作用，其机制是直接促使尿钠排泄，抑制肾素-血管紧张素系统和交感神经系统对血管舒缓素和二十碳烷酸的作用，改善压力感受器的功能，直接影响周围血管的阻力等。

钾在人体内还参与维持酸碱平衡、能量代谢以及维持神经肌肉的正常功能。当体内缺钾时，会造成全身无力、疲乏、心跳减弱、头昏眼花，严重缺钾还会导致呼吸肌麻痹死亡。此外，低钾会使胃肠蠕动减慢，导致肠麻痹，加重厌食，出现恶心、呕吐、腹胀等症状。临床医学资料还证明，中暑者均有血钾降低现象。

（4）膳食纤维：在欧美，膳食纤维被称为人体必需的"第七营养素"，与蛋白质、维生素、矿物质一样对人体健康必不可少。在营养学界，膳食纤维被称为"绿色清道夫"，能保持人体维持合理体重、降低血脂、肠道通畅、排毒通便、清脂养颜、维护肌肤健康，它将是 21 世纪的主导食品原料之一。动物性食品中缺乏膳食纤维，它几乎全部来源于植物性食物，但是近些年米面制品的精细化加工造成膳食纤维含量降低。马铃薯鲜薯的膳食纤维含量达到 1.6%，在蔬菜的摄取量不足的情况下，是膳食纤维重要的来源。由于马铃薯中膳食纤维含量高，因此人的胃肠对马铃薯的吸收较慢，停留在肠道中的时间较长，更具有饱腹感，同时还能带走一些多余的油脂，具有一定的通便排毒作用。

（5）其他：马铃薯中含有一种 RS2 抗消化淀粉，这种淀粉不能被机体消化，因此不会引起血糖升高。这种淀粉较其他淀粉难降解，其性质类似溶解性纤维，有一定的减肥功效。马铃薯中具有药用价值的次生代谢产物十分丰富，其中的有机酸含量高，以柠檬酸最多，苹果酸次之，其次有绿原酸、草酸、乳酸等，还含有芥子酸、香豆酸、黄酮、花青素等酚类化合物，具有较强的抗氧化作用。马铃薯与肉类同食，可以提高人们对抗性淀粉及植物次生代谢产物的摄取。

2. 多汁性的食用品质互补

在肉类菜肴的加工中如何提高肉原料的保水性和多汁性十分重要。肉类在加热过程中蛋白质的热收缩导致含水量降低，多汁性品质下降，往往通过添加淀粉来提高肉类制品的保水性。

淀粉加入肉肠制品中对于改善其保水性和组织状态有显著效果，这是在加热过程中由淀粉糊化引起的。肉原料一般的含水率为 72%～80%，固体物质主要为蛋白质和脂肪。当肉类制品受热时，由于蛋白质发生变性，减弱对水分的结合能力，而淀粉却能够吸收这部分水分，糊化并形成相对稳定的结构，并使淀粉颗粒变得柔软而有弹性。马铃薯变性淀粉糊化温度低，可以将蛋白质中散失的水分吸收到淀粉中。如果肉肠加工改用添加马铃薯全粉，其品质可能更佳，起到既均衡营养又保持水分的双重作用，并使组织均匀细腻、结构紧密、富有弹性、切面光滑、鲜嫩适口。

3. 多风味的感官品质互补

肉经加热后产生的香气，主要是一些含氮的有机物、含硫化合物及羟基化合物。马铃薯没有异常味道，其薯香味来自羟基（—OH）、醛基（—CHO）、醚（R—OR）、酯（—COOR）、苯基（—C_6H_5）、酰胺基（—$CONH_2$）和羰基（$\rangle C\!=\!O$）等。马铃薯与多种畜禽肉原料混合加热制作菜肴，各基团之间发生化学反应，可以增加风味、显现色泽（图 6-25）。

（1）增强色香味的美拉德反应：主餐菜肴所呈现的滋味绝大多数是由两种或两种以上的单一味所组成的复合味感，其本质上是品味者在食用时各种单一味通过相互影响和相互作用所产生的复杂综合感受。按照主餐口味的要求，往往通过咸、酸、甜、鲜等呈味物质加以调和。肉类的滋味物质主要来自氨基酸和核苷酸等。马铃薯附和性强，不会掩盖滋味物质的原本味道。美拉德反应是改进食品风味和制取新型风味剂的重要手段，马铃薯中的还原糖形成的羰基与肉类原料中的氨基经美拉德反应可生成新的滋味物质。美拉德反应所要求的食品含水量为 10%～15%，因此在含水量较低的土豆烧牛肉、土豆鸡块等红烧类

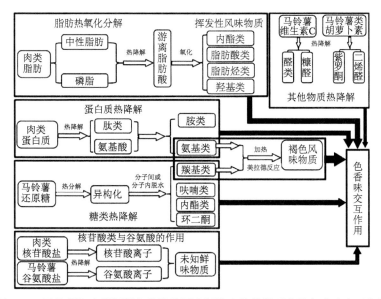

图 6-25　马铃薯与肉类原料各化学基团之间发生的化学反应及色香味交互作用

菜肴中，产生了诱人的浓郁香味。马铃薯中的赖氨酸含量高，其游离的氨基更容易与羰基结合生成滋味物质。

　　色泽是主餐菜肴感官品质的又一核心要素。许多肉类菜肴的加工中，如红烧肉、烧鸡等为了增加菜肴的深红色泽，需要在肉的表面涂抹饴糖，然后油炸。但对于非甜味的菜肴来说，这种烹饪方法的局限性很大，且增加了烹饪工艺的复杂性和菜肴的成本。由于马铃薯本身含有极易发生美拉德反应的还原糖，在制作肉类菜肴时与适量的马铃薯共烹，可产生深褐色的美拉德反应产物，这与中式红烧类菜肴的深红色色泽相一致，土豆烧牛肉就是最好的例证。

　　（2）核苷酸类与谷氨酸盐的增味协同效应："酸、甜、苦、咸、鲜"是人的味蕾可以感受到的五大味道。其中，甜味的分子基础是自由羟基和碳水化合物，酸味是氢离子和酸性物质，苦味是有机碱类物质或食物腐败产生的化合物，咸味是钠离子及其他人体必需的矿物质，而鲜味则为蛋白质及氨基酸等多种化合物产生的复合效果等。虽然人们对酸、甜、苦、咸的生物学机理已经有了很多的研究，而"鲜"的生物学机理则到最近几年才有较大的研究进展。通常使用的味精是谷氨酸盐水解后产生的谷氨酸形成的鲜味。然而，即使只有极其少量的肌苷酸盐和鸟苷酸盐存在，谷氨酸的鲜味也可以得到大幅提高，这就是三者之间的协同增效作用。

　　马铃薯中含有较多的谷氨酸盐，而牛肉中不仅有谷氨酸盐，还有很多肌苷酸盐和鸟苷酸盐，这三种成分相遇会协同产生更强烈的鲜味。而若将萝卜与牛肉一起煮，就只能依靠牛肉产生鲜味了。虽然三者的协同增效机理尚不清楚，但是这已将人类对"鲜"的认识带向了分子水平。为什么肌苷酸盐和鸟苷酸盐等核苷酸盐能够增加鲜味，目前的一种推测是谷氨酸钠与受体蛋白结合之后，核苷酸会增加这种结合物的稳定性，从而产生更强的神经信号。

畜禽肉中的肌苷酸和鸟苷酸如果被水解释放出来，成为游离的单个离子，就能够产生协同作用。牛肉排酸的作用之一就是使其释放出更多的核苷酸。宋长坤等（2013）研究了牛肉加工过程中肌苷酸及其相关物质含量变化，在牛肉腌制和低温煮制阶段肌苷酸盐和肌苷含量显著上升（$P<0.05$），而在高温煮制阶段含量显著下降（$P<0.05$）。因此，土豆烧牛肉在制作过程中不宜在高温条件下炖煮，低温下长时间炖煮更有利于风味的形成。

（3）消化吸收互补：肉类富含蛋白质，但肉纤维粗，会刺激胃黏膜。马铃薯所含的纤维细嫩，对胃肠黏膜无刺激作用，有缓解疼痛及减少胃酸分泌的作用。胃溃疡患者如果每天空腹吃些马铃薯可有效缓解病情。因此，肉类菜肴中加入马铃薯有利于保护胃。此外，畜肉中富含铁和锌，马铃薯中含有维生素 C，维生素 C 可促进牛肉中铁和锌的吸收，提高其生物利用率，起到事半功倍的效果。

6.4.2　适合与肉类制作主餐菜肴的马铃薯品种

由于我国地域辽阔，各地区的气候生态特征、土地资源禀赋等有较大差异，因而适宜种植的马铃薯品种也存在地域区别。结合马铃薯生物学特性，参照地理、气候条件和气象指标，将我国划分为 4 个马铃薯栽培区域，分别为北方一作区、中原二作区、南方冬作区和西南单、双季混作区。其中，北方一作区适合栽培的马铃薯品种有：'克新 1 号'、'青薯 9 号'、'陇薯 3 号'、'陇薯 6 号'、'大西洋'、'夏波蒂'、'新大坪'、'陇薯 7 号'、'陇薯 10 号'、'庄薯 3 号'、'天薯 11 号'、'定薯 1号'、'费乌瑞它'、'后旗红'、'底西瑞'、'康尼贝克'、'冀张薯 8 号'、'冀张薯12 号'、'冀张薯 5 号' 等；中原二作区适合栽培的马铃薯品种有：'费乌瑞它'、'大西洋'、'荷新 1 号'、'克新 1 号'、'夏波蒂'、'陇薯 1 号'、'陇薯 3 号'、'青薯 9号' 等；南方冬作区适合栽培的马铃薯品种有：'费乌瑞它'、'大西洋'、'合作 88号' 以及 '克新'、'中薯'、'云薯' 系列等；西南单、双季混作区适合栽培的马铃薯品种有：'米拉'、'威芋 3 号'、'坝薯 10 号'、'会-2 号'、'合作 88 号'、'费乌瑞它'、'中薯 3 号'、'克新 1 号'、'黔芋 1 号'、'中甸红'、'河坝洋芋'、'克疫'、'大西洋'、'乌洋芋' 等。

由于不同地域的饮食习惯不同，菜肴烹饪工艺的不同，对马铃薯品种的加工适宜性要求也不同。菜用马铃薯根据其质地不同可分为粉质和脆质两大类。粉质马铃薯煮后内部干面感，适用于土豆烧牛肉、土豆炖肉，如'新大坪'、'大西洋'、'夏波蒂'和'布尔班克'等品种。脆质马铃薯熟后内部有透明感，食感湿滑而脆，适合制作醋熘土豆丝、土豆丝炒肉，如'克新 1 号''青薯 9 号'等品种。马铃薯还根据其薯肉的色泽可分为白色肉、黄色肉和彩色肉三大类，按照不同主餐品种对色泽的要求加以选择。

6.4.3　马铃薯肉类主餐的种类

马铃薯可以与猪肉、禽肉、羊肉和牛肉等各畜禽肉品烹制形式多样的中西式主餐。据不完全统计，仅中式马铃薯肉类主餐种类就多达 400 余种。

1. 马铃薯猪肉主餐

马铃薯猪肉主餐的主要品种有土豆炒肉丝、土豆炒肉片、五花肉烧土豆、猪肉土豆炖粉条、香辣猪肉土豆、香辣排骨焖土豆、豉香土豆排骨、小土豆炖排骨、腊肉炖土豆、黑椒土豆炒腊肉、腊肉干锅土豆片、香酥土豆丸子、肉末土豆泥、培根卷土豆、腊肉土豆焖饭、土豆浓汤等（图 6-26）。

肉末土豆泥　　　土豆火腿早餐饼　　　腊肉土豆焖饭　　　土豆猪肉末盖浇饭

小土豆炖排骨　　　肉末香葱小土豆　　　培根卷土豆　　　　土豆浓汤

图 6-26　马铃薯猪肉主餐

2. 马铃薯家禽主餐

马铃薯家禽主餐的主要品种有土豆炖鸡块、新疆大盘鸡、酱爆土豆鸡丁、土豆烤鸭腿、土豆八宝鸭、土豆咖喱鸡肉饭等（图 6-27）。

新疆大盘鸡　　　土豆炒鸡腿　　　酱爆土豆鸡丁　　　鸡肉炖土豆

土豆烤鸭腿　　　　土豆八宝鸭　　　红烧土豆鸡肉饭　土豆鸡肉咖喱饭

图 6-27　马铃薯家禽主餐

3. 马铃薯牛羊肉主餐

马铃薯牛羊肉主餐的主要品种有土豆烧牛肉、土豆烤牛排、土豆牛肉咖喱、土豆牛肉可乐饼、羊肉焖土豆、铁板羊肉土豆片、红烧土豆羊排、罗宋汤等（图 6-28）。

土豆烧牛肉　　　土豆牛肉咖喱　　　土豆牛肉可乐饼　　　罗宋汤

羊肉焖土豆　　　红烧土豆羊排　　　　铁板羊肉土豆片

图 6-28　马铃薯牛羊肉主餐

实际上，马铃薯与肉类烹制的主餐中以牛肉类的最为著名和普遍，中式马铃薯牛肉主餐大多由西式菜肴演变而来。

（1）土豆烧牛肉：是国际化的"大食物"，更是国际食品中国化、中国食品国际化的典型代表菜品之一。土豆与牛肉炖煮的习惯最初起源于匈牙利，其菜名叫作"古拉希"。20 世纪 50 年代，"古拉希"被我国《参考消息》的编辑翻译为土豆烧牛肉。而欧美则往往会将其演变成烤牛排加油炸薯条的组合，这就是中西方饮食文化的差异。在日本，土豆烧牛肉的最佳匹配形式变成了土豆咖喱牛肉，这是日本非常有名的传统美食，一般伴随米饭一起食用。土豆烧牛肉在以蒸煮烹饪文化为基础的中国人手中，采用红烧的技法进行改良，使其色泽红润、口感咸香，得以迅速普及，已成为中国北方地区非常经典的百姓家庭大炖菜。

（2）土豆牛肉可乐饼：源于法国，法语称为 croquette。16 世纪传入日本后，被慢慢改良成为适合日本人口味的主餐食品，现已完全实现工业化生产，是日本的五大冷冻食品之一，在餐馆、超市、快餐店等随处可见。日本有一首关于土豆牛肉可乐饼的歌曲，说一对新婚夫妇，丈夫称赞妻子做可乐饼好吃，结果妻子就天天给丈夫做可乐饼，丈夫最终为了表达对妻子的谢意，于是唱出了"老婆总是给我做美味的可乐饼，今天可乐饼，明天可乐饼，年初年终还是可乐饼"的歌曲，表达自己久食不厌的心情。

（3）罗宋汤：英文称为 borsch，是起源于乌克兰的一种浓菜汤品。其中文名得名于上海文人对 Russia 的音译"罗宋"。由于冷热兼可享用，在东欧或中欧很受欢迎。罗宋汤大多以甜菜为主料，常加入马铃薯、番茄和牛肉块、奶油等熬煮而成。在十月革命时期，有大批俄国人辗转流落到了上海，他们带来了伏特加，也带来了俄式的西菜——罗宋汤。俄式罗宋汤辣中带酸，酸甚于甜，上海人并不习惯。后来受原料供应以及上海本土口味的影响，渐渐地形成了独具上海特色的酸中带甜、甜中飘香、肥而不腻、鲜滑爽口的中式罗宋汤。

综上所述，马铃薯与肉类配制主餐堪称"门当户对"。

参 考 文 献

阿布都艾则孜·阿布来提, 艾力·如苏力, 博尔汗·沙来, 等. 2012. 维吾尔族馕坑几何结构及新能源馕坑的设计. 食品科技, 11: 79-82.

阿布都艾则孜·阿布来提, 艾力·如苏力, 买买提热夏提·买买提, 等. 2015. 新能源馕坑的工作原理及最佳工作状态的试验研究. 安徽农业科学, 21: 289-291.

安尼瓦尔·哈斯木. 2017. 馕·馕坑与馕文化漫谈. 新疆地方志, (2): 53-58.

常燕东. 2011. 糯米速冻食品发展前景分析. 武汉: 武汉工业学院.

陈志成. 2009. 马铃薯全粉面包的研制. 粮食科技与经济, 34(3): 50-51.

程开鹏, 杜双全. 2016. 速冻水饺贮存过程中品质变化的分析. 食品安全导刊, (18): 114.

戴小枫, 胡宏海, 张泓, 等. 2016-03-20. 一种马铃薯营养复配米的加工方法: ZL 201410578966.3.

戴小枫, 胡宏海, 张泓, 等. 2016-04-20. 一种马铃薯年糕的加工方法: ZL 201410578969.7.

戴小枫, 张泓, 胡宏海, 等. 2016-01-20. 一种马铃薯面条及其制作方法: ZL 201410101759.9.

戴小枫, 张泓, 胡宏海, 等. 2016-03-23. 一种马铃薯营养米粉的加工方法: ZL 201410578960.6.

戴小枫, 张泓, 刘倩楠, 等. 2016-04-20. 一种马铃薯面团的熟化方法: ZL 201510075467.7.

戴小枫, 张泓, 刘倩楠, 等. 2016-11-30. 一种双螺杆米粉挤压成型机: ZL 201410826039.9.

戴小枫, 张泓, 徐芬, 等. 2016-06-08. 一种马铃薯春卷及其制备方法: ZL 201510085198.2.

戴小枫, 张泓, 徐芬, 等. 2016-08-24. 一种马铃薯凉皮及其加工方法: ZL 201510085194.4.

邸瑞芳. 2010. 油炸土豆片的制作. 农产品加工, (2): 33.

樊月, 胡宏海, 吴广臣, 等. 2017. 不同原料复配对双螺杆挤压马铃薯年糕品质的影响. 现代食品科技, 33(8): 188-194.

樊月. 2017. 双螺杆挤压技术对马铃薯年糕品质及营养影响研究. 保定: 河北大学.

樊振江, 李少华. 2013. 食品加工技术. 北京: 中国科学技术出版社.

高蓬明. 2009. 在油炸土豆片生产中应用HACCP控制微生物. 西南大学学报(自然科学版), 31(9): 25-30.

韩齐, 孙钦秀, 孙方达, 等. 2015. 反复冻融对速冻水饺菌相变化的影响. 现代食品科技, 31(5): 206-211, 302.

韩艳芳, 王鹏林. 2016. 速冻水饺的生产及问题解析. 现代面粉工业, 30(4): 34-36.

何婧云, 张磊. 2005. 维吾尔族食馕习俗的文化解说. 安徽农业科学, 33(11): 2220-2222.

何贤用, 杨松. 2005. 马铃薯全粉产品的品质与生产控制. 食品工业, 26(1): 36-38.

胡宏海, 张泓, 张雪. 2013. 过热蒸汽在肉类调理食品加工中的应用研究. 肉类研究, 27(7): 48-52.

胡宏海, 张泓, 谌珍, 等. 2019-08-13. 一种提高马铃薯米粉食用品质的方法: ZL201610377452.0.

胡宏海, 戴小枫, 张泓, 等. 2016-01-20. 一种马铃薯和玉米复合营养米粉的加工方法: ZL 201410575790.6.

胡宏海, 张泓, 戴小枫. 2017. 马铃薯营养与健康功能研究现状. 生物产业技术, (4): 31-35

胡宏海, 张泓, 戴小枫, 等. 2018-06-29. 用于面条干燥的远红外线装置: ZL 201610293671.0.

黄洪媛, 罗二波, 秦礼康. 2011. 紫色马铃薯颗粒全粉生产工艺优化. 食品科学, 32(22): 135-142.

黄文, 王益, 胡必忠. 2001. 低温常压油炸土豆片工艺. 保鲜与加工, 1(6): 23-24.

李康, 胡宏海, 樊月, 等. 2018. 不同品种小麦粉对马铃薯面条食用品质的影响. 现代食品科技, 34(3): 83-89.

李里特. 2000. 食品加工业与传统主食品工业化. 中国食品工业, (9): 4-6.

李燕红. 2013. 浅谈维吾尔族馕文化. 黑龙江史志, (11): 303.

李月明, 张翠翠, 姜雪晶, 等. 2019. 马铃薯制品回生影响因素的研究进展. 食品工业, 40(5): 285-289.

李正元. 2012. 馕的起源. 中国边疆史地研究, 1: 112-117, 150.

刘代平. 1993. 油炸土豆片工艺及设备的研究. 食品与机械, (4): 36.

刘桂华. 2004. 马铃薯的发展趋势与加工前景. 耕作与栽培, (3): 8-9.

马莺. 2001. 马铃薯加工业的现状及发展前景. 中国马铃薯, 15(2): 123-125.

倪函. 2010. 气流膨化马铃薯复合片的工艺研究. 西安: 陕西师范大学.

欧仕益, 张玉萍, 黄才欢, 等. 2006. 几种添加剂对油炸薯片中丙烯酰胺产生的抑制作用. 食品科学, 27(5): 137-140.

欧阳玲花, 戴小枫, 胡宏海, 等. 2017. 双螺杆挤压条件对鲜切马铃薯复配大米米粉品质的影响. 食品工业科技, 38(1): 204-207.

欧阳玲花, 张泓, 戴小枫, 等. 2019-05-14. 一种鲜切马铃薯米粉的加工方法: ZL 201610377519.0.

潘治利, 罗元奇, 艾志录, 等. 2016. 不同小麦品种醇溶蛋白的组成与速冻水饺面皮质构特性的关系. 农业工程学报, 32(4): 242-248.

彭鑑君, 吴刚, 杨延辰, 等. 2007. 马铃薯颗粒全粉与雪花全粉的生产应用. 粮油食品科技, 15(4): 12-13.

濮良贵, 纪名刚. 2001. 机械设计. 7 版. 北京: 高等教育出版社.

沈晓萍, 卢晓黎, 闫志农. 2004. 工艺方法对马铃薯全粉品质的影响. 食品科学, 25(10): 108-112.

谌珍, 胡宏海, 崔桂友, 等. 2016. 马铃薯米粉营养成分分析及食用品质评价. 食品工业, 37(10): 55-60.

宋长坤, 徐世明, 杨建荣, 等. 2013. 酱牛肉加工过程中肌苷酸及其相关物质含量变化的研究. 食品工业, 34(2): 158-160.

唐伟强. 2010. 食品通用机械与设备. 广州: 华南理工大学出版社.

万国福. 2015. 杂粮速冻水饺制作工艺研究. 食品工业, 36(2): 154-158.

王春香, 薛惠岚, 张国权. 2004. 马铃薯全粉-小麦粉混粉流变学特性的试验研究. 粮食与饲料工业, (10): 34-35.

王放, 王显伦. 1997. 食品营养保健原理与技术. 北京: 中国轻工业出版社.

王静, 孙宝国. 2011. 中国主要传统食品和菜肴的工业化生产及其关键科学问题. 中国食品学报, 11(9): 1-7.

王娴, 周显青, 胡宏海, 等. 2018. 辅料添加对挤压复配米外观结构、蒸煮食用品质及体外血糖生成指数的影响. 食品科学, 39(11): 60-68.

王秀丽, 齐玮, 马云倩, 等. 2017. 马铃薯主食认知水平及消费行为研究. 中国食物与营养, 23(12): 54-57.

席会平, 田晓玲. 2010. 食品加工机械与设备. 北京: 中国农业大学出版社.

肖莲荣. 2005. 马铃薯颗粒全粉加工新工艺及挤压膨化食品研究. 长沙: 湖南农业大学.

徐芬, 胡宏海, 张春江, 等. 2015. 不同蛋白对马铃薯面条食用品质的影响. 现代食品科技, 31(12): 269-276.

徐芬. 2016. 马铃薯全粉及其主要组分对面条品质影响机理研究. 北京: 中国农业科学院.

薛效贤, 李翌辰, 薛芹. 2014. 薯类食品加工技术. 北京: 化学工业出版社.

杨德勇, 胡建平, 韦恩铸, 等. 2010. 切片机的惯性力平衡仿真及优化. 农机化研究, 32(5): 22-25.

杨铭铎, 芦雄萍. 2017. 我国几种主食工业化生产技术研究进展. 粮食与饲料工业, (1): 3-9.

杨艳芳, 周惠明, 郭晓娜, 等. 2015. 糯小麦粉对速冻水饺品质的影响. 中国粮油学报, 30(1): 8-12.

姚晓静, 张泓, 张春江, 等. 2018. 复配粉中马铃薯成分实时荧光PCR检测方法的建立. 核农学报, 32(2): 297-303.

游新勇, 莎娜, 王国泽, 等. 2012. 马铃薯全粉面包的加工工艺研究. 广东农业科学, 39(7): 116-119.

曾洁. 2009. 月饼生产工艺与配方. 北京: 中国轻工业出版社.

周卫林. 2015. 生物法降低油炸薯片中的丙烯酰胺. 无锡: 江南大学.

周显青, 夏稳稳, 张玉荣. 2013. 我国糯米粉加工及其质量控制技术现状与展望. 粮油食品科技, 21(3): 1-6.

张泓. 2007. 小土豆滚出大产业——定边马铃薯加工业的发展构想. 农产品加工, (9): 60-62.

张泓. 2008. 期待中国成为马铃薯的美食王国. 世界餐饮, 15: 14-17.

张泓. 2009. 榆林市马铃薯产业的发展对策//中国作物学会马铃薯专业委员会. 马铃薯产业与粮食安全 (2009). 中国作物学会马铃薯专业委员会: 6.

张泓. 2014. 国内外主餐工业化差异分析. 农产品加工, (6): 16-17.

张泓. 2021. 马铃薯米制主食加工技术与装备. 北京: 科学出版社.

张泓, 张春江, 张雪. 2012. 提升我国传统菜肴加工业水平的主要途径. 农业工程技术(农产品加工业), (9): 28-33.

张泓, 黄峰, 胡宏海. 2014. 主食工业化亟待解决的问题. 农产品加工, (5): 18-19.

张泓, 黄峰, 胡宏海. 2014. 提升我国传统肉类主餐加工业水平方法研究. 肉类研究, 28(5): 46-49.

张泓, 黄峰, 刘倩楠, 等. 2016-07-20. 一种无矾马铃薯粉条及其制备方法: ZL 201510075364.0.

张泓, 戴小枫, 胡宏海, 等. 2018-01-19. 一种交替式 α 化-老化即食马铃薯米粉的加工方法: ZL 201510205053.1.

张泓, 戴小枫, 胡宏海, 等. 2018-07-06. 马铃薯复配主食中马铃薯含量的测定方法: ZL 201710277316.9.

张泓, 胡宏海, 戴小枫, 等. 2017. 马铃薯主食产品 分类和术语: NY/T 3100—2017. 北京: 中国农业出版社.

张泓, 胡宏海, 戴小枫, 等. 2018-04-06. 一种交替式 α 化-老化即食马铃薯杂粮米粉的加工方法: ZL 201510205051.2.

张泓, 胡宏海, 戴小枫, 等. 2018-04-27. 一种交替式α化-老化的方便即食马铃薯面条的加工方法: ZL 201510205967.8.

张泓, 胡小佳, 胡宏海, 等. 2018-06-29. 用于马铃薯面条生产线的二次熟化箱:

ZL201610294072.0.

张泓, 刘倩楠, 胡宏海, 等. 2018-05-18. 连续型真空和面机及方法: ZL 201510974973.X.

张泓, 毕红霞, 戴小枫, 等. 2019-08-20. 马铃薯锅盔及其加工方法: ZL 201610297453.4.

张泓, 欧阳玲花, 戴小枫, 等. 2019-05-14. 方便即食的鲜切马铃薯米粉的加工方法: ZL 201610376006.8.

张泓, 胡宏海, 谌珍, 等. 2019-06-11. 一种方便马铃薯米粉及其加工方法: ZL 201610377531.1.

张辉, 胡宏海, 谌珍, 等. 2016. 高膳食纤维营养复配米的成分分析与营养评价. 食品科技, 41(8): 165-169.

张娟, 李琴, 贾志玲. 2014. 马铃薯酥皮月饼的工艺. 食品研究与开发, 35(14): 58-61.

张雪, 张泓, 戴小枫, 等. 2018-10-26. 一种马铃薯麻糬冰淇淋及其制作方法: ZL 201510459612.1.

门马哲也, 岸本卓士, 田中源基, 等. 2005. 過熱水蒸気による健康調理技術の開発. シャープ技, 4: 40-44.

Arun K B, Chandran J, Dhanya R, et al. 2015. A comparative evaluation of antioxidant and antidiabetic potential of peel from young and matured potato. Food Bioscience, 9: 36-46.

Bártová V, Bárta J, Brabcová A, et al. 2015. Amino acid composition and nutritional value of four cultivated South American potato species. Journal of Food Composition and Analysis, 40: 78-85.

Ezekiel R, Singh N, Sharma S, et al. 2013. Beneficial phytochemicals in potato: A review. Food Research International, 50(2): 487-496.

Huang Y J, Xu F, Hu H H, et al. 2018. Development of a predictive model to determine potato flour content in potato-wheat blended powders using near-infrared spectroscopy. International Journal of Food Properties, 21(1): 2030-2036.

Jaiboon P, Prachayawarakorn S, Devahastin S, et al. 2009. Effects of fluidized bed drying temperature and tempering time on quality of waxy rice. Journal of Food Engineering, 95(3): 517-524.

Keeratipibul S, Luangsakul N, Lertsatchayarn T. 2008. The effect of Thai glutinous rice cultivars, grain length and cultivating locations on the quality of rice cracker(arare). LWT-Food Science and Technology, 41(10): 1934-1943.

Lutaladio N, Castaldi L. 2009. Potato: The hidden treasure. Journal of Food Composition and Analysis, 22(6): 491-493.

Pu H Y, Wei J L, Wang L, et al. 2017. Effects of potato/wheat flours ratio on mixing properties of dough and quality of noodles. Journal of Cereal Science, 76: 236-242.

Singh J, Kaur L, Moughan P J. 2012. Importance of chemistry, technology and nutrition in potato processing. Food Chemistry, 133(4): 1091.

Spiegel H, Sager M, Oberforster M, et al. 2009. Nutritionally relevant elements in staple foods: Influence of arable site versus choice of variety. Environmental Geochemistry and Health, 31(5): 549-560.

Tan Y Y, Zhao Y, Hu H H, et al. 2019. Drying kinetics and particle formation of potato powder during spray drying probed by microrheology and single droplet drying. Food Research International, 116: 483-491.

Tierno R, Hornero-Méndez D, Gallardo-Guerrero L, et al. 2015. Effect of boiling on the total phenolic, anthocyanin and carotenoid concentrations of potato tubers from selected cultivars and introgressed breeding lines from native potato species. Journal of Food Composition and Analysis, 41: 58-65.

Wu Y, Hu H H, Dai X F, et al. 2019. Effects of dietary intake of potatoes on body weight gain, satiety-related hormones, and gut microbiota in healthy rats. RSC Advances, 9(57): 33290-33301.

Wu Y, Hu H H, Dai X F, et al. 2020. Comparative study of the nutritional properties of 67 potato cultivars (*Solanum tuberosum* L.) grown in China using the nutrient-rich foods (NRF 11.3) index. Plant Foods for Human Nutrition, 75(2): 169-176.

Xu F, Hu H H, Dai X F, et al. 2017. Nutritional compositions of various potato noodles: Comparative analysis. International Journal of Agricultural and Biological Engineering, 10(1): 218-225.

Xu F, Hu H H, Liu Q N, et al. 2017. Rheological and microstructural properties of wheat flour dough systems added with potato granules. International Journal of Food Properties, 20(sup1): S1145-S1157.

Xu F, Liu W, Huang Y J, et al. 2020. Screening of potato flour varieties suitable for noodle processing. Journal of Food Processing and Preservation, 44: e14344.

Xu F, Liu W, Liu Q N, et al. 2020. Pasting, thermo, and mixolab thermomechanical properties of potato starch-wheat gluten composite systems. Food Science & Nutrition, 8(5): 2279-2287.

Zhang H, Xu F, Wu Y, et al. 2017. Progress of potato staple food research and industry development in China. Journal of Integrative Agriculture, 16(12): 2924-2932.

索　引